老杨的猫头鹰 著

凡事发生
必有利于我

江苏凤凰文艺出版社
JIANGSU PHOENIX LITERATURE AND ART PUBLISHING

果麦文化 出品

凡事发生必有利于我

你只需记住,世上只有两种事:
一种是好事,一种是你暂时还不知道好在哪里的事。

你只需明白:
凡事发生必有利于我,
利我强大,利我坚韧,利我稳重,
利我逢凶化吉,利我无坚不摧。

Everything that happens benefits me !

@ 灵魂紧绷的人：

松弛感的本质，不是由着自己的性子肆意妄为或者对世间万物都无所谓，而是明白："他人的看法"重点在"他人"，"自己的人生"关键在"自己"。

@ 不懂拒绝的人：

熟练地掌握敷衍的技巧，是可以让一些不喜欢的人和事"快进"的。比如：礼貌、热情，一问三不知；感恩、谢谢，但是对不起；明白、理解，可是没办法；好的、知道，我下次一定；嗯嗯、哦哦，您说得都对。

回 在成为大人的路上并不快乐的人：不要卡在『是不是』『应不应该』『好不好』『行不行』『对不对』里面，要专注于『我可以跟别人不一样』『我就是想试一试』『我可以承担后果』『我不想听你的』『我乐意，你管得着吗』。

@ 原生家庭不如意的人：

不要因为原生家庭不如别人就任由自己糟糕下去，也不要因为比不过别人就觉得自己很糟糕。别人从山脚爬到山顶很厉害，你从深渊爬到地面也很厉害。

@ 良心脆弱的人:

希望你每天"三省吾身"之后,
得出的结论永远是:吾很可爱,吾没错,吾怪好的。

@心里有伤痕的人：

替所有人向所有人提个醒：如果有一天，我们再见面，你问我"最近好吗"，我说"挺好的"，请你记得，多问几遍。

@ 在爱情里患得患失的人：

感情的真相是，喜欢的时候是真的喜欢，不喜欢的时候也是真的不喜欢。所以，不要在相爱时找不爱的证据，也不要在不爱时找还爱着的痕迹；不要在还喜欢的时候去想象"万一不喜欢了怎么办"，也不要在不喜欢的时候去怀疑"曾经的喜欢是不是装的"。

> 随时能哄自己开心的人：
> 即便是阴天，你也知道『太阳正在加载中』；
> 即便诸事不顺，你也相信『好运正在来的路上』。

@想要好运气的人：

我就是会发财的命，

我就是享福的命，

我就是身体健康的命，

我就是吃喝不愁的命，

我就是只有开心、没有烦恼的命。

@ 电量不足的人：

感觉很丧的时候，就像手机电量低于 20%，要自动变成省电模式，信号不用那么强（不关心别人怎么说，怎么活），网速也不用那么快（不选择，不回应），没关机就行。

@ 总觉得生活没意思的人：

要去爱具体的生活，要兴致盎然地跟这个世界交手过招，做一个永远会为路边的树、天边的云、翻滚的浪、撒娇的猫、新一轮的满月、可口的饭菜、夏夜的晚风、冬天的白雪而欢呼雀跃的人。

@ 所有人：

祝你能把世俗的眼光一裁再裁，祝你在汹涌的人海里活得尽兴又开怀。
愿你像烟花般热烈，过噼里啪啦的人生。

前言

你天天想着上岸，可你根本不知道岸在哪里。

你并不想长大，可你已经没办法继续当小孩了。

你的青春已经余额不足，可你并没有做好当大人的准备。

结果是，除了年纪之外，你一点儿都不像个大人。

你祈祷生活对自己好一点儿，生活拍拍你的肩膀说："好好干，年底给你涨一岁。"

你刚打算坠入爱河，河神就忙不迭地提醒你："不要往河里扔垃圾！"

你向老天发誓说："我的命都可以给他！"

老天清了清嗓子说："你的命又不好，为什么要把不好的东西给别人？"

结果是，你捂着四面漏风的心站在人生的十字路口，不知该何去何从。

你想成为"喜怒不形于色，宠辱不惊"的人，实际却是

"喜怒皆形于色，宠辱都惊"。

你向往"三人行，必有我师焉"的社交，实际却是"三人行，必有显眼包"。

你以为的人生是"乾坤未定，你我皆是黑马"，现实却是"闹钟一响，你我都是牛马"。

你期待的生活是"情不知所起，一往而深"，现状却是"钱不知所终，一贫如洗"。

结果是，你做不了自己，也做不成别人。

你很难做到像别人那样自私，可你又隐约地觉得，自私是对的。

你以前是"讨好型人格"，后来长大了，变成了一边讨好，一边在心里喊"你凭什么"的拧巴人格。

你渴望被爱，可又怕被伤害。

结果是，当幸福来敲门，你说："放门口吧。"

你信仰神明，你研究星座，你在每一个许愿池前祈祷，就是不信那个人已经不爱你了。

到末了，你怪神明不讲究，怪星座不准，怪许愿池不灵，就是不怪他骗你。

结果是，你一边大喊着"要翻篇"，一边又偷偷地折了个角。

你从小就被教育"吃得苦中苦,方为人上人",所以你参加了一轮又一轮的"争当人上人"的游戏。

你每天累得就像一摊水泥,可你又清楚地知道,心里有一排钢架,结结实实地把自己硬撑起来。

结果是,生活变成了一台笨重的石磨,而你就像一只给自己买鞭子的驴;世界变成了一个巨大的转轮,而你就像转轮上停不下来的仓鼠。

你不想吃努力的苦,也不想吃生活的苦,就想莫名其妙地享福。

骂了一整年老板,年会节目却是《感恩的心》;喊了一整年"要辞职",初八文案却是"开工大吉"。

你总说明天会更好,可你老是躺着;你想做的事情很多,可你被困在了一个整天只想玩手机的身体里。

你在白天算自己还有几个小时下班,又在晚上算自己还能睡几个小时的觉。

你踌躇满志却又整日混吃等死,想与命运对抗却又事事心灰意懒,你心比天高却又处处画地为牢,你胸怀大志却又总是原地踏步。

结果是,别人是未来可期,你是未来可分期。

你受不了父母的固执和唠叨,却又心疼他们的牺牲和操劳。

你怨恨父母不理解自己，却又暗下决心要挣好多钱给他们花。

结果是，你的身体里住着两个你，一个想回家，一个想逃离。

你的心理状态是：可以不结婚，但不能没人要；可以讨厌工作，但不能没工作；可以想死，但体检报告不能出一点儿问题。

你的精神状态是：没有很快乐，也没有不快乐，年纪轻轻就两眼无光，像烧光了的纸屑，像快要落山的太阳。

结果是，世界上有两个你，一个积极向上，开朗大方；一个半死不活，孤独异常。

你总是试图读懂别人的所思所想，总是试图预测没办法保证的未来，总是纠结不要紧的细节，总是在脑海中循环播放某个糟糕的瞬间，总是陷在过去的回忆里不能自拔，总是为自身的某个小缺点惶惶不安。

你的眼睛盯着热热闹闹但空空洞洞的热搜，你的耳朵听着跟自己毫不相干但相当刺耳的言论与评价，你的嘴巴练习着一会儿要讨好某人的话，你的手指在不停地刷着不知道拿出来做什么的手机，那你的脑子自然就会"内存不足"。

结果是，你既是干柴，也是烈火，一部分的你在消耗着另一部分的你。

我们都是被突然"扔"到这个世界的，没有人问你愿不愿意，也没有人告诉你这一生该怎么过。

圣贤提醒你说"既来之，则安之"，可没有具体说"怎么安"。你也经常宽慰自己说"来都来了"，可依然不知道"来干吗"。

十八九岁，高考刚结束，你对学科、前途、职业一无所知，却被要求选择自己的专业。

二十四五岁，大学毕业，你对人生追求、商业世界的运行规则毫无概念，却被要求选择自己的事业。

三十岁不到，你在对自己、对人际关系、对人情世故一知半解的情况下，却被要求确定人生伴侣。

如此说来，人生出问题本就是一个大概率事件。

可这就是人生啊，假装容易又平坦，其实每一步都艰难。

但我要提醒你的是：选错了没事，比不过没事，单着也没事；看手机没事，睡到中午没事，乱花钱也没事；不对讨厌的人笑没事，大声哭没事，不那么乖也没事；软弱可以，逃避可以，承认自己痛苦也可以；朋友不多没关系，飞机晚点没问题，有人不喜欢自己也很正常。

你只需记住，世上只有两种事：一种是好事，一种是你暂时还不知道好在哪里的事。

你只需明白，凡事发生皆有利于我，利我强大，利我坚韧，利我稳重，利我逢凶化吉，利我无坚不摧。

所以，不要把别人看得太重，"我愿意"比"你满意"更重要。

不要无视自己的感受，"我高兴"比"让你开心"更重要。

不要担心被误解，"我怎么看"比"你怎么看"更为重要。

不用非得跟别人一样，"别人都这样"是"我不想这样"的绝佳理由。

事实上，说你"不懂事"，意味着你"不好骗了"，意味着你"有主见了"，是褒义词。

说你"强势"，意味着"操控不了你"，意味着你拥有了"视他人如粪土的能力"，是褒义词。

说你"自私"，意味着"没能占到你的便宜"，意味着你的利益"不允许别人侵犯"，是褒义词。

说你"见外"，意味着你"不想浪费热情"，意味着你在做"防御"，等于变相地跟人说"请别说了，请离我远一点儿，请自重，请要点儿脸吧"，也是褒义词。

如果你总是表现出"没事儿的，你可以不跟我玩""是的，我这个人不好说话""嗯，我不想帮你的忙""对啊，我就是态度不好""对对对，我就是不讲人情"，那么你每天晚上都会睡得很香。

如果你年轻时，嘴馋了就吃，心累了就歇，看到喜欢的就买，不想面对的就躲，遇到心上人就奋不顾身，遇到讨厌鬼就不给面子，时时刻刻都知道照顾好自己的感受，那么等你老了，蓦然回首，就会发现自己度过了无怨无悔的一生。

希望在这个不大不小的年纪，你能落落大方地做自己。希望你的温柔细腻不被视为软弱，希望你的善良大方不被当成傻瓜。希望你在搞砸之后还拥有自救的能力和从头再来的勇气。希望你每天"三省吾身"之后得出的结论永远是：吾很可爱，吾没错，吾怪好的。

希望在这路遥马急的人间，你能做个为爱冲锋的勇士。希望你无论对爱情多么苛刻，都有爱的人，也希望这个世界无论多苛刻，都有人爱你。希望你是因为有趣而被爱，因为有用而被需要，同时因为无用和无趣的细枝末节而被视若珍宝，也希望你在相遇与错过中学会释怀，在遗憾和悔恨后学会珍惜。

希望在这鸡零狗碎的生活中，你能收拾好心情，整理好情绪，照顾好身体，以最大的平静去爱不确定的生活，以最大的耐心去面对突如其来的变化和身不由己的麻烦，不染戾气，不昧良心，不失毅力，不丢信心。希望你早日毕业于生活的惊涛骇浪。

希望在这个喧嚣浮躁的时代，你能被这个世界好好爱着。希望你能按自己喜欢的方式，热烈又真诚地过一生。希望你的生活有足够多的精彩留白，希望你能把世俗的眼光一裁再裁，希望你在汹涌的人海里活得尽兴又开怀。希望你像烟花般绚烂，过噼里啪啦的人生。

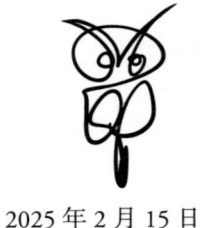

2025 年 2 月 15 日

辽宁沈阳

目录

EVERYTHING THAT HAPPENS BENEFITS ME !

Part I
凡事发生必有利于我

01 关于自我：所有好相处的人，都没能好好地跟自己相处　　002
02 关于外界的声音：不要对每件事都有反应　　014
03 关于人生的意义：这世界，我是来玩儿的　　026
04 关于原生家庭：家人仍然是他人　　040
05 关于命运的法则：人生就是一场漫长的自我预言　　053
06 关于被冒犯：我凡事看得开，但不影响记仇　　064

Part II
我这一生，确实是热烈又真诚地活着

07 关于松弛感：不要相信压力会变成动力，压力只会变成病历　　078
08 关于心态：愿你像烟花般热烈，过噼里啪啦的人生　　092
09 关于友情变淡：人生南北多歧路，君向潇湘我向秦　　105
10 关于恋爱：在这路遥马急的人间，做个为爱冲锋的勇士　　118
11 关于父母：孩子的不凡，来自父母的不厌其烦　　132
12 关于爱情：真心本就瞬息万变，爱到最后全凭良心　　145

Part Ⅲ
不要停止成长，这个世界不惯着弱者

13 关于好为人师：过来人说的话，没过来的人是听不进去的　　158
14 关于长大成人：我们都在长大后，慷慨地宴请小时候的自己　　170
15 关于焦虑：永远不要提前焦虑，生活就是见招拆招　　182
16 关于分手：凡是过往，皆为序章　　194
17 关于努力：世界请别为我担心，我只想安静地再努力一会儿　　208
18 关于选择：人生只有取舍，没法都要　　219

Part Ⅳ
这世界就是一个巨大的草台班子

19 关于婚姻：婚姻不是洪水猛兽，也不是福地洞天　　234
20 关于认知：要经常提醒自己"我可能错了"　　249
21 关于祛魅：世界就是一个巨大的草台班子　　263
22 关于执行力：比起截止日期，更重要的是开始日期　　274
23 关于健康：比起殚精竭虑，吃饭睡觉更能拯救你　　285
24 关于性格：太多人输在不像自己，而你胜在不像别人　　294

PART I

凡事发生必有利于我

做人哪,要把自己当作是来这人间走一回的神灵,每一次深陷痛苦、焦虑、犹豫、为难时,你就提醒自己:哇,原来人间的痛苦是这个样子呀,这可是本仙没有想到的,嗯,很深刻,很新鲜,学到了。

01 关于自我：
所有好相处的人，都没能好好地跟自己相处

- 1 -

有两组非常精彩的对话：
"你的包不好看，我一点儿都不喜欢，我的这款才好看。"
"我的东西，不用你喜欢，我喜欢就行。"

"你不愿意讨人喜欢吗？"
"我愿意用我本来的样子讨人喜欢。"

是的，不要帮着外人欺负自己，不要被别人的嘘声给唬住了，要反复提醒自己：让人失望是可以的，拒绝别人是可以的，跟别人不一样也是可以的。

最好的心态是：我活我的，你活你的。我不想为了让你满意而假装认同，我不想为了让你开心而委屈自己，我不想总是做牺牲最大的那个，我不想总是听到"对不起"，我不想为了维持表面的和平而压抑自己的感受，我不想小心翼翼地为我的每一个决定、每一种情绪跟每一个人解释。如果我们能够相互理解，那很好；如果不能，那更好。

一个人要想在人间活得自在，首先是"把自己当回事"，其次

是"不期待别人把自己当回事"。

事实上，如果你年轻时，嘴馋了就吃，心累了就歇，看到喜欢的就买，不想面对的就躲，遇到心上人就奋不顾身，遇到讨厌鬼就不给面子，时时刻刻都知道照顾好自己的感受，那么等你老了，蓦然回首，就会发现自己度过了无怨无悔的一生。

- 2 -

有一句话引起了无数年轻人的共鸣："学历是敲门砖，也是我下不来的高台。"

这句话里，有初入职场后万丈雄心碎一地的清脆，有引以为傲的"读书人"身份与"百无一用是书生"的现实之间的巨大落差，有无法向家里人解释的"读了这么多年书，工资为什么还不如在工地搬砖"的尴尬，有无法跟自己解释"再怎么说也是上过大学的人，怎么能做这种事"的迷茫。

因为读了这么多年的书，所以你自认为高人一等。所以，你厌恶体力劳动的脏乱与疲倦，厌恶人际交往的虚伪与客套，厌恶爱财之人的小聪明和斤斤计较，厌恶弄权之人的狡诈和口是心非，也厌恶普通人的庸俗喧嚣和不求上进……

你对世俗的"厌恶"反过来会要求你自己必须符合规范，必须遵守规则，必须慷慨大方，必须体面，必须优秀……

结果是，你被框在"乖巧、懂事、好人"一类的评价里骑虎难下,所谓的"好学生""乖孩子""好人""名校""高才生"成了你一生都逃不出的陷阱。

你将学生时代的"全勤荣誉"延续到工作中,请假成了难以启齿的需求。

你将"合群"延续到人际交往中,拒绝别人就像是一种耻辱。

你将"努力卷排名"延续到职场,发呆和休息就像犯错误。

学生时代,你是"别人家的孩子",扮演的是"优等生"的角色,你擅长在题海中寻找超越同龄人的应试技巧,也懂得在生活中迎合父母和老师的期待。

但工作了,为了维持"优秀"的自我形象,你对领导绝对服从,并习惯性地用讨好他人的方式来获得认可。

童年时期,你是"孔融让梨"中的主角,无数次品尝到了被夸赞的甜头。

成年之后,那种为了"赞誉"而牺牲自己利益的活法却让你成了职场和人际交往中的软柿子。

你从小就被教育,要做听话的孩子,要听好课、做对题、别惹祸,要当好学生。可是一进社会,你发现在学校里管用的那一套生存法则,在社会上不灵了。

本以为认真工作就好了,没想到还要处理同事关系,还要面对竞争关系,还要揣摩怎么跟领导相处,怎么汇报工作,怎么争取利益,怎么表达感受。

本以为写篇稿子发出去就好了,没想到还要考虑点赞量、阅读量、转化率，以及追在一些要赖的甲方屁股后面要稿酬。

本以为买房子交钱就好了，没想到装修的时候会被骗，房子漏水了要赔钱，物业不好要去投诉，邻居太吵要去沟通。

本以为找个人结婚过日子就好了，没想到养家糊口那么麻烦，处理亲密关系那么困难，维护家庭关系那么复杂。

"好学生"是别人给你戴的高帽子，戴好了，你会严于律己，会屡创佳绩。但戴不好，它就成了枷锁，成了你下不来的"高台"。

在玩乐上，你总是抱着一种"不够出色就不配享受"的罪恶感，因为你从小就认为，穿漂亮的衣服、精心打扮、好好玩一次、好好吃一顿的前提是名列前茅，是榜上有名。

在表达喜好上，你难以面对真实的自己，换头像会瞻前顾后，发朋友圈会犹豫不决，甚至就连填写个人爱好也会反复掂量。

唉，被赞美拼凑出来的自我太易碎了。

结果是，你做不了自己，也做不成别人。以前是讨好型人格，后来变成了一边讨好，一边在心里喊"你凭什么"的拧巴人格。

突然想到了一个姑娘给我发的私信："老杨啊，我感觉我有病。我从小就是好孩子，特别乖，作业从来不用催，考试也从来不用父母担心。在学校里,我总是抢着擦黑板,抢着打扫卫生,我得过好多次'三好学生'。现在工作了,我竟然有种在职场无法立足的感觉。我自认为是非常主动且听话的打工人,领导说往东,我绝不往西。我也从来没有违反一条规章制度,从来没有迟到、早退过,该我做的工作我都保质保量完成了。我也自认为是个非常善良的人,同事让我帮忙的事情,我从来没有拒绝过,也从来没有跟谁起过冲突。可是,升职没有我,评选优秀员工也没有我。我什么都没做错,现实却告诉我'全错了'。"

我回:"你是被'好学生心态'给困住了。"

什么叫"好学生心态"?

就是认为自己只可以好,不允许糟。

如果得不到认可,如果被比下去了,如果搞砸了一次,你就会产生巨大的挫败感、焦虑感、愧疚感,就会陷入严重的自我怀疑之中,然后没完没了地内耗下去。

就是非常在意外界的评价。

如果100个人里面有99个人给了好评,但有一个差评,你就会认为自己不好,然后自责。换个角度来看,就算别人不来卷你,你也会拼命卷自己。

就是习惯性地道歉。

比如别人的包包弄疼你了,或者你在饭菜里发现了头发,也只会很小声、很卑微、很礼貌地说"抱歉,打扰了",局促得就像是自己犯了错误。

就是内心有很多冲突。

是"我喜欢、我想要、做那件事我会开心"与"别人不希望我那样、别人不喜欢我那么做"之间的冲突，是"按照我自己的意愿去做，我怕别人不满意"与"按照别人的意愿去做，我会不开心"之间的冲突。

就是活得非常拧巴。

比如说，明明很无助，但不敢、不会，也不愿意求助；明明不想帮忙，但不能、不会，也不敢拒绝。

又比如说，别人靠一顿饭就解决了难题，你跑了好几趟也无济于事。于是你既羡慕别人轻易得到了想要的结果，又对"走后门、托关系"这种方式嗤之以鼻。

害怕失败、习惯性讨好、不会拒绝、把结果和个人价值画等号、苛求完美、逼自己必须优秀……这些是"好学生"给自己套上的心灵枷锁。

遵守所有的规则、凡事先从自己身上找原因、把努力当作成功的唯一途径、把他人的期望当成最重要的目标……这些是外界给"好学生"贴的标签。

结果是，你活成了最让人省心、最容易相处的样子，但代价是，你牺牲了你的快乐、自由、个性和原则。

你一点点地下调底线，你一次次地背叛自己，你太能忍且安静，让周围的人忘了你正在承受痛苦。

唉，所有好相处的人，都没能好好地跟自己相处。

被"好学生心态"困住的人还有一个特点：喜欢牺牲自己。

比如说，已经很晚了，想让室友熄灯睡觉，但又觉得亮一点也能睡着，只是晚一点点，所以，算了。

和朋友逛街，想试试橱窗里的那件外套，但又担心让朋友久等，反正也不是急着买，所以，算了。

开会的时候，想上厕所，但又怕打断领导的讲话，幸亏还能憋得住，所以，算了。

实际上，早点睡觉一定会更有精神，试穿了那件衣服一定会更满足，及时去上厕所一定会更舒服，但你选择"算了"，因为你希望自己是最让人"省心"的样子，所以宁可牺牲自己的健康、舒适和快乐，尽管没有人要求你必须这么做。

残酷的现实是：当你快乐时，你大概率是善良的；但是当你善良时，未必快乐。

那么你呢？应对人际关系觉得很心累，但又觉得不能断掉关系。总是关注别人的反应是什么，总是想着"怎样能让别人满意"。不想做老好人，却又不敢反抗。极其渴望证明自己的能力，但又非常畏惧负面评价；总想在方方面面都做到最好，但又觉得自己什么都做不好。

会因为玩了一整个周末没有学习而觉得自己虚度了光阴，就算是生病请假也会有负罪感，上课时间离开教室上厕所也会战战兢兢。严格地遵守规则，但从不研究规则。不论是 8 岁、18 岁，还是 28 岁、38 岁，甚至是 88 岁，脑子里始终都紧绷着一根弦，就像一直在念高三。

结果是，你活得就像一个长期被囚禁在象牙塔的囚犯，突然被放了出来，你用象牙塔里的思维继续把现实生活当试卷，可不管你怎么刷题，再也没有人能告诉你"什么是正确答案""怎样才能拿高分""做错了怎么办"，你再也没办法拿着扣了分的卷子去找老师理论："这道题您给我改错了，不是这样的。"

做人挺难的，太柔了容易被压榨，太刚了容易被折断，太雅了不被赏识，太俗了又不忍直视。这就意味着，我们终其一生的任务就是：摆脱别人的期待，活成真正的自己。

- 4 -

那么，被"好学生心态"困住的人该如何自救呢？这里有 9 个亲测有效的建议：

1. 如果怕犯错，不妨犯一次试试看。
害怕搞砸，就搞砸一次；害怕迟到，就迟到一次；不敢请假，就请一次。
然后你就会发现：搞砸一次，生活不会崩盘；迟到一次，公司不会倒闭；请假一次，世界不会毁灭。

如果别人犯的错在你看来都"问题不大",那么你犯的错在别人眼里同样如此。

2. 如果慷慨大度让你不爽,不妨"自私"一点儿。

很多人从小就被教育要分享、要助人。但我希望你记住:分享是把自己多余的分给别人,而不是把自己本就不够的拱手送人。

很多人从小就有一种误解:我对别人好点儿,别人就会对我好点儿。

但我想强调一句"废话":你对别人好点儿,只会让别人好点儿。你对自己好点儿,自己才会好点儿。

3. 不要把自己放在一个被人评价、被人挑选的位置上。

追求夸奖,避免出错,害怕指责……这些心态背后的本质都是:你把自己放在一个等待被挑选、被夸奖、被认可的位置上,你把评判自身价值的权利全都交到别人手上了。

所以要换一个心态,不是"满足别人,才是好的、对的",也不是"别人觉得好,才是好的、对的",而是"我觉得好,它就是好的、对的"。

所以,少听建议,多听自己。所谓的"要听话",是听自己的话。

4. 别端着,尽量以真面目示人。

很多人喜欢"端着",因为学历高、品位高、观点独特、能力强、有趣味、会赚钱，但问题是，"端着"的风险极大，它意味着你的人生不能出错，不能变老变丑，不能失败丢脸，不能比别人差，不能有明显的槽点，否则，你内心的小人儿就会跳出来嘲笑自己："大家快来看看这个一无是处的可怜虫！"

世上最难卸的妆是"伪装"，希望每个人都能够让灵魂素面朝天。不知道就说"不知道"，而不是胡诌；不同意就说"不行"，而不是"那好吧"；不愿意就说"不想"，而不是"没问题"。

5. 太敏感的人要尽量少反省。

首先，你又不会改；其次，你又改不了；再次，不改又没什么大不了的。

毕竟我们都是普通人，就算真的犯了错，也不过是这个月多花了一些钱，那个东西买贵了，对亲爱的某某乱发了脾气，话说得难听了一些，在某个场合丢了一下脸，没关系的。

6. 不要想着用贵重的物品来证明什么。

"好学生心态"的一大特点是自带优越感，尽管毕业之后的生活不再有分数的排行榜，但有些人依然热衷于寻找各种各样的榜单，并渴望"榜上有名"。比如谁挣得多，谁的房子大，谁的车子好，谁的工作更体面，谁用的包包更高档，谁的饰品更贵重……

但我想提醒你的是，你驾驭得了，你的穿戴再普通也能给人低调优雅的感觉，但如果你的实力不够，再贵的外物也撑不起来。

所以，不要关心别人吃了什么、在做什么、穿什么、用什么、去哪玩了,要把精力放在"晚上我要吃什么,今天我要做什么,出门我要穿什么,忙完了我要去哪儿玩"。

不要把时间和精力浪费在无聊的比较上,要用一只刚刚诞生不久的动物的眼光去看待这个有瀑布、海洋、星空、雪山的美丽星球,在这种视角下,你的生活就没有"必须活成这样,应该得到什么",只有许许多多的"想成为什么,就可以成为什么;想做什么,就可以做什么"。

7. 没必要维持"对你没用,还让你不爽"的关系。

不要取悦谁,不要委屈自己,不要被别人牵着鼻子走,不要表演,也不要迎合别人的表演,不要在消极的情绪里自我拉扯,也不要在妄想中自我沉醉,更不要与自己处处为敌。

都是打过狂犬疫苗的人,怕什么?

8. 不要什么题都想解。

老板大发雷霆,朋友发了一个莫名其妙的朋友圈,恋人跟死党闹掰了,亲戚点评了你的工资……这是他们的课题,不要全都背在自己身上,不要什么问题都往自己身上扯,不要总是分析"我为什么做不好",不要总是猜测"是不是因为我"。

在意谁的看法,就会受谁的钳制。

换个角度来说,想要知道谁在控制你的生活,就看你总是在怪谁。

9. 要发自内心地相信自己。

所谓的"相信自己",不是不知天高地厚地认为没有谁比我更懂,没有谁比我更行,而是相信自己的品位不差,相信自己的能力还行,相信自己的国籍、肤色、口音、身高、体重不是问题,相信自己的婚恋观很正常,相信自己每一次的选择都是合理的,无论与大多数人是否一致;相信自己对生活的反抗是值得的,哪怕挥出的拳头砸向了空气。

基于这份相信,你将自己全权托付给自己,做自己喜欢的事,说自己想说的话,爱自己心仪的人,去自己想去的地方。

请努力争取,活成你自己心中的那个理想的大人。

02 关于外界的声音：
不要对每件事都有反应

- 1 -

夏目漱石的《明暗》里有一段很有意思的对白：

"太太，您不知道的事情还多着呢。"

"有，那又何妨？"

"不，老实说，您想知道的事情还多着呢。"

"有，也无所谓。"

"您必须知道的事情还多着呢，您还是无所谓吗？"

"是的，无所谓。"

生活就像是举着相机拍照，你不能有点儿风吹草动就狂摁快门，而是要把镜头瞄准真正在乎的人和事，用心地捕捉美好和精彩，如果没拍好，那就再拍一次。

不要在乎与你无关的东西，不要操心你根本就左右不了的事情，不要纠结答案根本就不重要的问题，不要烦恼那些根本就不能把你怎么样的人。

做人要有正确的"三关"：关我什么事，关你什么事，关他什么事。

怕就怕，别人的一个表情不对劲，你就开始抓狂："我是不是做错了什么？我是不是惹对方生气了？"

别人的一句评价，你就开始怀疑自己："这么做是不是真的不行？坚持是不是真的没意义？"

别人的一个否定，你就想跳到别人面前去据理力争："你看这个，你看那个，你说的就是错的。"

别人的一次成功，你就情不自禁地否定自己："为什么我这么失败？为什么我这么倒霉？"

更有甚者，别人在网上提问，你就觉得自己必须绞尽脑汁地回答；别人在线上求助，你就觉得必须要搞清楚发生了什么；别人在群里闲聊，你就觉得必须接他的话茬儿；别人在你旁边，你就觉得必须聊点儿什么，以防冷场。

而没完没了的证明、解释、打圆场会大量消耗一个人的能量。

我想提醒你的是，这个世界太吵了。外界的声音就像潮水甚至是洪水，如果你不设置安全距离，而是一头扎进去，那么你注定会被无力感和疲惫感淹没。

所以我的建议是，不要理会别人的说三道四，不要偷窥别人的生活，不要揣测别人的想法，不要干涉别人的课题。

当你意识到对方并不重要，你就不会轻易被其激怒；当你明白那点儿事不值一提，你就不会自降身价地掰扯个没完；当你知道那些信息跟自己没关系，你就不会浪费时间去一探究竟。

这个世界就是这样，你忽略什么，什么就消失不见；你介意什么，什么就层出不穷。

很多人之所以活得累，是因为过多地关注了不重要的事情。

比如朋友圈那张合影上谁 PS 得更美，恋人手机里那个好看的头像到底是谁，好朋友心目中最好的朋友是不是自己，脸上的痘痘能不能在第二天消去，偶像的那条绯闻到底是不是真的，同事去的那个景点到底值不值得……

比如有人说了一个新锐导演的名字，你马上全网去搜，从他的长相到作品，又从作品链接到演员，再从演员链接到八卦新闻，一个小时一下子就过去了。

比如有人谈论一部热播剧，你本来不怎么感兴趣，但貌似朋友圈里也刷到过，于是你一集一集地追，甚至熬到下半夜也要跟上大家的步伐。

当你花太多的时间谈论别人的身体、八卦别人的关系、批评别人的言行，就意味着你对自己的生活不够专注。

而东张西望的后果是，容易慌，容易摔跤，容易睡不着觉。

那么问题来了，为什么你容易被不重要的人和事分心？

因为你的脑袋里接二连三地冒出了很多想法，有时是一段伤心往事，有时是一段电影情节，有时是几句牢骚的话，有时是迫切想知道自己刚发的朋友圈有哪些人点赞，有时是突然发现了某人可能喜欢自己的新证据……

因为你的人缘不错，所以总是被人需要。同事让你顶个班，朋友叫你聚个餐，闺密找你吐个槽，兄弟拉你聊个天，以及没完没了的微信、电话和邮件。

因为社交网络太过发达，以致你的注意力被各类信息炸得四分五裂。软件会提醒你，网红跳舞会吸引你，热门的词条会迷惑你。一会儿是"小主你去哪儿了"，一会儿是"又出大事了"，它们总能弄出点儿动静夺走你的注意力。

因为你的眼睛总是长在别人身上。A换工作了，B去旅游了，C换车了，D的成绩超过你了，E说了你不爱听的话，F好像谈恋爱了，G有点儿针对你……

久而久之，你活得就像一个已经吃饱了的人，还在不停往嘴里塞食物。

你在坐车、吃饭、等人、蹲马桶的时候，不知不觉就被信息夺走了大把的时间。

一张图片、一个视频、一段语音，通过网络"冲"进你的眼睛、耳朵和大脑里，然后，你对从未见过的人恨之入骨，对从未做成的事引以为傲，对吹捧出来的神跪地就拜。

你的眼睛盯着热热闹闹但空空洞洞的新闻热搜，耳朵听着跟自己毫不相干但相当刺耳的言论与评价，嘴巴练习着一会儿要讨好某人的话，手指在不停地刷着不知道拿出来做什么的手机，那脑子自然就会提醒你"内存不足"。

我们只有一个身体、一颗脑子，所以每天吃什么、关注什么尤为重要。吃什么决定了身体健不健康，关注什么决定了内心安不安宁。

所以我的建议是，关掉烦人的软件提醒，停止操心与你无关的事，少关注那些总上热门但你实际上并不感兴趣的话题、书籍、影视剧、综艺、游戏……对于众说纷纭的事要保持"无动于衷"，对于铺天盖地的消息要严格把关，而不是被无用的信息和无聊的事牵着鼻子走。否则你的注意力就会失控，你的精力会明显不够用。

后果是，你去过一个地方，但你记不住那里有什么；你吃了一顿大餐，但你不知道味道如何；你忙碌了一整天，但你没有任何收获；你想做更多的事情，但你有心无力。

什么事都想知道，这其实是一种暴力，是自己对自己的暴力。

要想脑子不受累，一定要记住这 4 条原则：不为还没有兑现的承诺提前开心，不为尚未发生的事情提前担心，不为能力范围以外的事情过度闹心，不为主线任务以外的事情过分热心。

- 3 -

在被媒体轮番攻击之后，曼联球星拉什福德说过这样一段话："我了解其中的规则，媒体并不是真的在报道我，他们不过是在书写一个名叫'拉什福德'的角色。因此，他们不能只写一个晚上出去消遣的 26 岁的小伙子，或者是一个收到了违规停车罚单的年轻人。他们必须写我的车多少钱，要猜测我的周薪、我的首饰，甚至是评价我的文身。他们必须写我的肢体语言，质疑我的道德，编派我的家庭，以及我未来的足球生涯。"

作家莫言也讲过一个趣事。有一次请人吃饭，众人吃饱喝足之后，他发现还剩了好多，觉得浪费了可惜，于是他就使劲儿吃。结果有人说："瞧瞧莫言吧，非把他那点儿钱吃回去不可。"

后来又有一次吃席，他故意吃得很慢，以为这样就没人说他了，结果又有人说："看看莫言那个假模假样的劲儿，好像他只用门牙吃饭就能吃成贾宝玉似的。"

人活着就难免会遇到不公、误解，会被批评、指责，以及无端揣测。遇到了，别回应，别解释，别自责，别纠缠，要学会无视，要直接拉黑，要趁早远离，要把宝贵的时间和精力用在做好眼前的事、过好眼前的生活、哄自己开心和努力搞钱上。

借亦舒的话说就是："应付任何事的最佳办法，便是装作听不见。对不起，我时运高，不听鬼叫。"

遇到有人不理解、不认同、不尊重自己，那就问自己几个问题：这是我的事，还是他的事？既然是我的事，那与他何干？我偏要这样做，后果承担得起吗？既然承担得起，那怕什么？

是我的感受重要，还是他的喜好重要？既然是我的感受重要，那违逆他又有什么好担心的？

跟他争辩，我能得到什么？既然什么都得不到，那费那个力气做什么？

是的,只要你的内心没有接受,那么所有的恶意都将原路返回。

不要因为被人说了一句"你怎么这么没用",就丧失继续做某件事的勇气;不要因为别人的一句"你怎么变胖了",就在众人面前羞愧难当;也不要因为别人说了一句"没想到你竟然是这种人",就又生气又着急地跟人解释个没完。

你要明白,被不熟的人否定、打击、嘲笑、误会,是犯不着劳神费力地自证的,也用不着给出让他们信服的解释,反正他们会按照他们的想象"帮"你把所谓的真相补齐。

每个人都觉得自己是对的,每个人都抱着"为了你好"的目的,但你要明白"我想要什么""我觉得什么是对的""我认为什么才是好的"。

你的态度越坚定,答案越清晰,你受到的影响就越小,你感受到的恶意和不爽也会越少。

比如说,你不喜欢就不喜欢呗,不要跟我讲你那些觉得正确但对我是打击的废话,我不关心你怎么看;关于你的一切,我不喜欢,我不愿意,我不接受;如果你觉得不吐不快,那我只能跟你"拜了个拜"。

如此一来,你的生活会变得静谧,你的精神会变得卫生,你的人际关系会变得顺心。

成熟的标志就是不争辩,不解释,不追问,你说"你会飞",

我就说"注意安全"。

希望每个人都能跟自己做 5 个约定：
只要不是指名道姓地说我，那就不是说我；
没有通知我的事，一律装作不知道；
没有邀请我的局，一律不打听；
只要没直说，就当听不懂；
就算直说了，但我不爱听，就当没听到。

- 4 -

别人只是一个简单的小动作，你就投入巨大的精力去应对。结果是，你越来越像一只猫，而周围的风吹草动就像是逗猫棒。

注意力的失控，会让你的命运被随便发落，却无须征求你的同意。就像游戏里，敌人的小兵路过你的城墙，你马上就全民皆兵。就像球场上，别人的垃圾话和小动作不断，你瞬间就状态全无。

那么，怎么拯救自己的注意力呢？你可以从这 6 个方面着手练习：

1. 不要养成跟人讲道理的坏习惯。

有一句老话误导了很多人，就是"有理走遍天下"，其实有理走不了天下，连你家大门都走不出去。所以，多做事，少讲理，勤拉黑。

2. 放弃无意义的口舌之争。

年轻时爱憎分明，凡事都喜欢争个输赢，比如我喜欢的明星比你喜欢的明星要优质，我喜欢的手机品牌比你喜欢的手机品牌调性要高，我喜欢的大学和专业比你喜欢的大学和专业更有前途，我老家的小吃比你老家的小吃正宗……

与其把时间浪费在这些无意义的争论上，不如把时间攒一攒，用来玩，用来学，用来赚钱，用来开心。

3. 不要过度地搅动生活。

如果你觉得水浑，而且暂时没办法脱身，那你就劝自己先静下来。比如提醒自己：身心健康是最重要的，维护关系是次要的，张三李四王麻子的碎碎念是完全不必在意的。

然后，你的灵魂会慢慢澄清，一些渣滓会慢慢沉淀，一些痛苦会慢慢自愈，一些不爽会慢慢消失。

4. 养成不评价的好习惯。

不仅仅是嘴上不评价，甚至在心里也不评价。就是"我没有任何要评价你的意愿，你想怎样，你继续，你随便"。

5. 定期清理关注列表。

你的关注列表就是你在网上的圈子。你选择上进，还是选择"躺平"，是打开见识，还是沉迷八卦，多多少少都会跟你的关注列表有关。前天骂富人，昨天骂异性，今天骂社会，明天骂人性，后天骂命运……

如果你的关注列表里都是这类人，那么你摄取的精神食粮自然也是垃圾食品。

6. 反复提醒自己"我没有什么要证明的"。

你没有义务成全别人对你的期望，别人也没有义务成全你对别人的期待。所以不必求同，存异就够了。

不要因为别人说了什么就去自证什么，他的结论只是在如实地说明"他是个什么东西"，说明不了"你不是个东西"。

费尽心思地向一个笨蛋证明自己的时候，你实际上证明了世界上至少有两个笨蛋。

你觉得他说得不对，那就让他错；他觉得你做得不对，那就让他说。下雨的时候，你能做的就是，让它下吧。

- 5 -

《不在乎的精妙之处》一书讲了一个小故事，一个老人去超市买东西，发现攒了好久的优惠券不能用了，于是大闹了一场，把柜台的员工骂得狗血淋头。

为什么一张只能省几块钱的优惠券，却能让这个老人发这么大的脾气呢？因为在他单调的老年生活中，几乎没有比收集优惠券更值得关心的事情了。

类似的事情还频繁地发生在情侣之间，父母与子女之间，明明只是一件小事,就能吵得天翻地覆或者大发雷霆。

  为什么呢?因为你把所有的关注、期盼、依赖全都放在对方身上了。所以,即便只是优惠券不能用了、酱油买错了、作业忘带了之类的小事情、小矛盾、小摩擦,都会被无限放大:"不得了,这件事不能这么下去了,我得有所反应。"而对方只会觉得:"你至于这么小题大做吗?"

  所以说,做人一定要拥有一个凌驾于鸡毛蒜皮之上的课题。
  这样的你才能知道自己要什么,去哪里,该做什么,该忍受或忽略什么。
  这样的你就不用被一时的情绪牵绊,就不会被糟糕的人和事损耗,就不用在不同的意见之间颠沛流离,就不用因为人生的某段路"路况不好"就慌张地调整走向,就不用经年累月地受着"别人都那样,为什么你不那样"的审判和胁迫。
  这样的你就可以在无关紧要的事情和关系中将自己调整为"省电模式",就能分清什么重要,什么更重要,什么最重要。
  因为这样的你很清楚,灵魂的每一格电量,都格外宝贵。

  大象前行,怎可被蚂蚁拦路?怕就怕,你是一只小毛毛虫。
  将军有剑,岂会对苍蝇动手?怕就怕,你天天拿着苍蝇拍。

  一个人再优秀,如果长期浸泡在一个聒噪的环境中,自然就会变得暗淡无光、神经兮兮、歇斯底里。而活得相对轻松的人,一定是把自己放在一个喜欢的环境里,与更多积极正面的情绪为伍,完全不给那些消极的情绪或者糟糕的人机会,这才叫不拧巴。

不要总是盯着裤腿或者鞋面上的泥巴,不要整天纠结于沿路的坑坑洼洼,要沉下心去赶你的路。

事实上,不是所有的问题都要马上给出答案,不是所有的障碍都要立刻除掉。很多麻烦或者纠结,你只需无视,然后绕过去,这是成本最低的解决办法。

熟练地掌握敷衍的技巧,是可以让一些不喜欢的人和事"快进"的,比如:

礼貌、热情,一问三不知;

感恩、谢谢,但是对不起;

明白、理解,可是没办法;

好的、知道,我下次一定;

嗯嗯、哦哦,您说得都对。

03 关于人生的意义：
　　这世界，我是来玩儿的

- 1 -

我们都是被突然"扔"到这个世界的。没有人问你愿不愿意，也没有人告诉你这一生该怎么过。

圣贤提醒你"既来之，则安之"，可没有具体说"怎么安"。你也经常宽慰自己"来都来了"，可依然不知道"来干吗"。

大多数人的一生就是：莫名其妙地出生，无可奈何地活着，不知所以然地死掉。

你偶尔也会思考活着的意义是什么，但更多的时候，你找不到答案；就算有人告诉你人生这道题就该选 C，你也会满心疑虑："对吗？"

你唯一能记住的，似乎只是一些瞬间。比如，盛夏时节吃到的冰镇西瓜，寒冬腊月尝到的糖炒栗子，难过时听到的励志演讲，生日时收到的用心礼物，某天傍晚紧张兮兮的表白，某个假期与某某的一同出游，寒窗苦读时的朗月，穷困潦倒时的窘迫，金榜题名时的激动，洞房花烛夜的浪漫，背井离乡时的行囊，衣锦还乡时的荣耀……似乎就是这些难忘的小片段，构筑了我们漫长的一生。

其实吧，很多事情的意义就像藏在一堆石子里的米粒，你花了大把时间才把它找出来，可是找到以后，你发现费这么大力气找到它，真是一点儿都不值。

所以，不要凡事都追求"有意义"。想吃什么就吃点儿什么，不用非得"等某天再说"或者"等某某一起"；想看什么书就看什么书，不用在乎这本书对考试、对工作、对人生有没有帮助；想去玩剧本杀就喊人去玩，不用想着"这几个小时做点儿别的事情是不是更有用"。

就用你喜欢的方式去"浪费"这一生。去体验不同的事物，以便感受新奇或者无聊；去不同的地方，以便感受辽阔或者狭隘；去见识不同的人，以便感受心跳或者心碎，而不是像一张白纸，被折得整整齐齐，或者被保护得干干净净的。

生命不会显示保质期，在离开这个世界的那一天，不会有一个巨大的"GAME OVER"打在你的脸上。

活着的意义大概就是：

尽可能多地让自己拥有"活着真好"的瞬间，包括但不限于：吃第一口冰激凌的快乐，听一首歌的感动，和家人待在一起的安心。

尽可能多地让自己的人生有"故事"，包括但不限于：努力的故事，出糗的故事，成功的故事，割舍的故事，斗争的故事。

尽可能地活得尽兴且洒脱，包括但不限于：去爱你觉得可爱的，去听你喜欢听的，去看你爱看的，去吃你想吃的。

怕就怕，有的人一辈子活得像一头原地打转拉磨的驴，天天就惦记着老了谁给自己养老，死了谁给自己烧纸，就好像这辈子只是预热，真正的生活在坟墓里。

- 2 -

有人发了一个帖子："假如可以选择，你想在自己的墓碑上留一句什么话？"

有的评论直接让我笑出了鹅叫声：

"可以上香，但别许愿，我是鬼，不是菩萨。"

"烦死的。"

"破地球，一颗星，差评，不推荐。"

"别看了，这里什么都没有。我会在雪山上，在海边，唯独不会在这小土堆里。"

"周末别来看我，我双休。"

"谢谢你有空来看我，我有空也会去看你的。"

"当你看清这行字的时候，意味着你已经踩到我了。"

获赞最多的是这一条："这个人很懒，什么都没有留下。"

大多数人的一生似乎都是这样：上学的第一天在为高考做准备，谈恋爱的第一天在为结婚做准备，工作的第一天在为退休做准备。但凡结果不如意，就会长吁短叹。

"唉，这么多年的书都白读了！""唉，白白在一个人身上浪费了大好的青春！""唉，工作了这么多年有什么用！"

因为结果不如意，就说过程没意义。甚至到处宣扬："吃泡面和吃日料都一样，吃完了，食物和味道就消失了。""恋爱和不恋爱都一样，热乎劲儿一过，终究要分道扬镳。"

不是这样的。

并不是如愿以偿了才叫"得到"。事实上，但凡某个东西"滋养"过你，就已经算是得到了。

可口的食物滋养了你的身体，你就得到了这份食物；美丽的风景滋养了你的眼睛，你就得到了那片风景；某个人的出现滋养了你的生命，你就得到过这个人。

所以，放轻松一点儿，人生的意义是体验，不是闯关。

- 3 -

有个姑娘大半夜给我发了几十条私信，中心思想就两个字：想死。

她说："上学的时候为了考试，天天早出晚归，累得想死，也担心得要死。好不容易熬到毕业了，以为再也不用考试了，可是在成年人的世界里，考试不仅更多了，而且更残暴了。比如城市、职业、伴侣的选择，比如买房、结婚、生育的时机，比如领导、伴侣的心思，比如跟家人、同事相处的技巧……这些破事就像是更高难度的选择题、更复杂的判断题、更无解的阅读理解题。看着身边的朋友都交卷了,我连题目都读不明白。"

她说:"有时候竟然会盼着来一场意外,好让那谁看看,不是我要死的,是意外。"

她问我:"听完有什么感受?"

我回复道:"目前的感受是,你不想活了,但你认为该死的另有其人。"

她回了我一串很长的"哈哈",然后说:"我实在是没办法接受,我生活在一个有极光、有珊瑚礁、有沙滩、有瀑布的星球,可我只能天天去上那个破班。"

我说:"那你为什么不出去转转呢?"

她理直气壮地说:"我走不开,我得上班,我哪有时间玩?"

我说:"假期呢?周末呢?下班之后呢?吃完饭之后呢?睡觉之前呢?你总会有空闲的时间。我的意思是,你不可能不做任何改变,就过上如意的人生。"

她没有接我的话,而是问了我一个问题:"老杨啊,你说人生的意义是什么?"

我回:"人生的意义是体验。而体验又依赖于你的认知、野心、勇气、执行力。认知解决'知不知道'的问题,野心解决'想不想要'的问题,勇气解决'敢不敢'的问题,执行力解决'做不做'的问题。"

我的意思是,你应当把精力放在"我该怎么让自己开心,我该怎么满足我的好奇,我该怎么为自己制造惊喜,还有哪些事情能够让我欣欣雀跃"上,而不是劳神费力地、像做题家那样活在世俗的标准答案里。

不要身心俱疲地去过你应该过的人生,要不遗余力地去过你想过的人生。人生中很重要的一件事就是,要把自己从"别人希望我成为的样子",逐渐变成"我想活成的样子"。

都说人生就是一场游戏,你要了解正在玩的这场游戏。

有些人感觉"游戏失败"的根源有两点:一是在不理解游戏规则的情况下玩,二是游戏的奖品根本就不是他们真正想要的。

所以,在开始游戏之前,请务必问问自己:我知道我正在玩的是什么游戏吗?我了解游戏的规则吗?这个游戏的奖品是我想要的吗?

如果回答都是"是",那就全情投入进去。如果不是,请暂停并重新评估。

关于人生的这场游戏,我的建议是:不要失去发芽的心情。

试着去爱一个人,而不是去恨;试着去赚好多钱,而不是任由自己活在社会的最底层;试着朝想要的生活努力,而不是委屈自己活在讨厌的地方。

不要因为怕失败就放弃尝试。管它行不行,先试试看。成了,你获得了成功的人生体验;不成,你获得了失败的人生体验。对人生来说,都是稳赚不赔的买卖。

不用担心别人怎么看你。

你活着的时候，没有几个人在看你；你死了之后，也不会有几个人记得你。如果你知道人们忘记一个死者的速度有多快，你就不会去为了想给人留下深刻的印象而活着了。

不要听别人说，要冒一点儿险，没有什么经验智慧能够替代亲身体验。不要模仿别人，要活成你自己，你既是你人生的读者，也是你故事的作者。

去过某景点的人对你说"那里糟糕透了"，工作过的人对你说"职场里都是烦人精"，谈过恋爱的人对你说"谈恋爱的都有毛病"，结过婚的人对你说"千万别结婚"，过得不好的人对你说"人生来就是受苦受难的"……如果你统统都信，那你对生活就会好感全无。

我的意思是，山的后面是什么，你要亲自去一趟才知道。去的过程中，你会解锁新技能，会经过新地方，会遇到新朋友，会见识新事物，会有全新的体验，然后你会惊奇地发现"哦，原来如此""哇，竟然可以这样""天哪，我头一回看到"……

我的意思是，"前途未卜"和"往前走"不冲突，"生活很难"和"过好每一天"也不冲突。

希望你要去的地方是你想去的地方，而不是别人希望你去的地方；希望你的力量是来自你的内心，而不是他人的认同和赞扬。

- 4 -

前两年有个特别温暖的视频叫《人生是个循环：从5岁到90岁的人生难题》。视频采访了5岁到90岁不同年龄段的人，每个人说出自己当前人生的难题，并回应上一个人的难题。

5岁的小男孩一边吃着零食一边说："能不能不去上学呀？"

10岁的小孩接话说："现在我都这么大了，还要上学。所以应该没有办法了，就是要上一辈子学。"

10岁孩子的难题是，以后上清华还是上北大，哪个好呀？

15岁的小女孩被逗笑了，她说："你先考上初中再说吧。"

15岁女孩的难题是，她喜欢班上的一个男生，但男生好像不喜欢她。

25岁的姑娘想给爸妈买房，却存不下钱，疑惑30多岁的人是怎么做到的。

30岁的人笑着说自己也没钱，应该问40岁的人。

30岁的人说他很迷茫，感觉进入了"瓶颈期"。

代表40岁出镜的是一位演员，他打趣道："不要紧，坚持就是胜利，突破了这个瓶颈，还有更大的瓶颈。"

40岁的演员说他工作了好多年，想知道自己什么时候能退休。

50岁的人的难题是,想让北漂了好几年的孩子回家。

60岁的人劝他:"你就让他去吧,发展得好就让他在那边混,混不好自然就回来了。"

60岁的人的难题是,感觉身体已经跟不上了,70岁了可怎么办?

70岁的人笑呵呵地说:"到时候把你孙子叫过来,你带他,以后孩子皮实了,你身体也就好了。"

70岁的人的难题是:"高血压,菜里少油少盐少糖的,不好吃。"

80岁的人接话说:"那你上我那儿吃去,我也血压高。"

80岁的人的难题是,有个几十年的朋友在医院里,待好几年了,现在就靠往胃里输食物活着,快到尽头了。

90岁的人宽慰道:"到公园转一转,全是咱们老同志,一块儿聊聊天,侃侃过去,也就舒畅了。"

90岁的人的难题是,我老伴三年前去世了,我依然很想念她。

最后出镜的是最开始的那个5岁的小男孩,他听了90岁老人的话之后,说道:"老爷爷,您别难过,老奶奶只是睡着了。您以后碰见她,亲她一口,她就醒了。"

你看,每个年纪都有每个年纪的烦恼,从功名利禄到生老病死，每个困境都像是一座山压在当时的自己的肩膀上。没有谁能真的不惑，即便是 90 岁的人也仍然有解不开的死别。

人生就是这么不可理喻，正确答案永远模糊，往哪个方向走似乎都会陷入泥潭。但是，当有一天，你回过头，看看曾经被你涂抹得乱七八糟的人生答卷，你也许会庆幸自己终于从那个"担心一辈子都要上学"的小屁孩，磕磕绊绊地长成能够乐呵呵地讲出"突破了这个瓶颈，还有更大的瓶颈"的大人，也终于可以拍着胸脯说："感谢生活反复捶打，让我肉质筋道 Q 弹。"

做人哪，要把自己当作是来这人间走一回的神灵，每一次深陷痛苦、焦虑、犹豫、为难时，你就提醒自己：哇，原来人间的痛苦是这个样子呀，这可是本仙没有想到的，嗯，很深刻，很新鲜，学到了。

怕就怕，你的一生被年龄、身份、标签、未来、父母、子女、意义之类的东西塞得满满的，以至于你忽略了最值得珍惜的感觉、心动、体验、喜悦。结果是，你什么都吃过，却不知道味道；你哪儿都去过，却没什么印象；你知道很多事情，却依然脑袋空空或者人云亦云。

怕就怕，你不渴望活出自我，却渴望被人记着。你满世界嚷嚷说"没意思"，其实也只是假装抗议一下，好对自己的良心有个交代，好替"以后继续没意思地活着"找个心安理得的理由。

- 5 -

有个老人家，出版了一本书，名叫《活着活着就 100 岁了》。

书里有个片段，说当年作者跟一个 90 多岁的老教授散步，老教授突然问作者："金教授今年多少岁呀？"

作者回答说 76 岁了。

老教授沉默了一阵，然后羡慕地感叹道："真是黄金年纪啊！"

"76 岁"在很多人眼里已经是"老得不得了"，可是在 90 多岁的人眼里是"黄金年纪"。

有个妈妈，开车带两个孩子去游乐场玩。

一个孩子每隔 5 分钟就问一次："到了没有？到了没有？到了没有？"结果，孩子越来越急，妈妈也越来越烦。

另一个孩子则是看向窗外，数一数经过的车，找一找天上的鸟，看一看路边的树，时不时还哼唱车里播放的音乐。

同样是去游乐场玩，同样是坐妈妈的车，同样是 1.5 小时的车程，却是两种完全不同的感受。

我的意思是，值得做的，都值得做好；值得去的，都值得开开心心地去。时机没到，不强求；时机到了，不辜负。

与其总是遗憾过去或者忧虑未来，不如认真地活在当下。去享受，去玩耍，去旅行，去赚钱，去努力，去爱，去为喜欢的一切全力以赴。

就像尼采在《查拉图斯特拉如是说》里写的那样："高高兴兴去战斗，去赴宴，不做忧郁的人，不做空想的人，准备应付至难之事，就像去赴宴一样，要健康而完好。"

关于活着，再提 7 个醒：

1. 时间是生命的货币，金钱不是。

不要再拿没钱当"懒得出门、懒得打扮、懒得计划假期"的理由，也不要再用年龄当"我不行、我不敢、我不好意思"的借口。在任何年龄，你都可以寻找美食，创业，爬山，写作，开始新恋情。

2. 享受人生的时候不要有愧疚感。

吃喝玩乐不等于虚度光阴，吃苦耐劳也不等于意义非凡。不要把玩乐当成浪费生命，不要把消遣当成玩物丧志，只要是你喜欢也负担得起，那就统统都归类为"享受人生"。

3. 凡事要趁早，不要把想做的事都安排在退休以后。

人一旦老了，味觉就不行了，无论多么丰盛的美食，都味同嚼蜡；视力也不行了，即便是风景如画，也远不如年轻时看到的震撼；汗腺也逐渐在失灵，所以很容易引起中风和中暑；体力也不行了，行动缓慢而又沉重，仿佛身体有千斤重。

4. 遇事常念这三句话。

"一切都会过去。"当你失意时，可以用这句话鼓励自己；当你得意时,也可以用这句话警醒自己。

"我们是会死的。"就像拖延症患者常常用"截止日"来提醒自己抓紧时间一样。死亡就是每个人的截止日,因为死亡必将到来,所以更要好好活着。

"反正又死不了。"无论多大的挫折,你只需记住"反正又死不了"。如果这句不管用,那就再补一句——"死了正好"。

5. 照顾好自己的身体和灵魂。

良好的睡眠、美味的食物、健康的身体、同频共振的人际关系,以及一些有趣的爱好,这些可以大幅提升你在这个星球上的体验感,让你对这个烦人的世界稍微多一点儿好感。

6. 这个世界我们只来一次。

至于那个人喜不喜欢自己,那个东西属不属于自己,那个位置有没有自己,这些都不是最重要的。最重要的是,自己还活着,最近还挺开心。

是的,没有出息没关系,只要还有气息,就很了不起。

7. 真实地活着。

一旦你选择了真实,你就不需要防御和伪装,你就不用一直端着、提防着。你就没有"我一定要证明自己"的焦灼,也不存在"我一定要比你优越"的傲慢,而是将更多的注意力放在"我喜欢什么"和"我想要什么"上。

既然死亡不可避免,既然被遗忘是早晚的事,那么关于"人生的意义"其实可以换一个问题:你要如何浪费这一生?

我的建议是,浪漫化你的生活,宠坏你自己,抓住每一个机会创造甜蜜和惊喜。单身就狂欢,恋爱就勇敢,觉得被生活所困就去撞南墙,觉得热血未凉就去奔山海。

最后,读一首诗人焦野绿的诗吧:"计划表是空白的,但我的一天是满满的,我要发呆,静坐,咀嚼,散步,看天,把所有没有意义的事,郑重其事做一遍,因为这世界,我是来玩儿的。"

04 关于原生家庭：
家人仍然是他人

- 1 -

有的家庭就像精神病院。

一方面希望孩子保持天真烂漫，另一方面又想孩子深谙人情世故。

一方面要求孩子正直如海瑞，另一方面又要求孩子奸猾如秦桧。

一方面希望孩子有出息，另一方面又打击孩子的自信。

一方面要求孩子要乖，另一方面又指责孩子胆小。

一方面要求孩子尊重他人，另一方面又不尊重孩子。

一方面希望孩子强势不懦弱，另一方面却在孩子面前横行霸道。

一方面教育孩子诚实，另一方面却在外人面前假装自己是个和蔼可亲、善解人意的大好人。

难怪有人哀叹："幸福就像是一种遗传基因，父母没有的，也不可能遗传给孩子，一代又一代，不知道猴年马月才能出现基因突变，进化成幸福的人类。"

听过一段让人窒息的对话：

妈妈："请你吃好吃的，你想吃什么？"

女儿："我想吃大虾。"

妈妈："不行，大虾太贵了。"

女儿："那汉堡。"

妈妈："不行，汉堡不健康。"

女儿的热情瞬间没了，陷入沉默之中。

妈妈："你可以吃烤鱼、烤串、火锅、炒菜，都可以。"

女儿还是沉默。

妈妈提高了音量："你到底想吃什么，你倒是说呀！"

女儿："我想吃汉堡。"

妈妈："我都说了，那是垃圾食品。"

女儿撇了撇嘴："那我没什么想吃的了。"

妈妈降了降音量："我们去吃炒菜吧，到时候你看你想吃什么，随便你点。"

女儿："不想吃。"

妈妈瞬间炸了："不想吃？那你吃什么？你到底要吃什么？你说呀，你不说我怎么知道你想吃什么。你怎么这么招人烦呢？我对你还不够好吗？我一整天都围着你转，你还想怎样？"

有的父母之所以如此糟糕，不是因为第一次当父母缺乏经验，而是因为第一次品尝到了权力的滋味。

因为你是他们生的养的,所以"你有什么资格不满,你有什么资格不感恩"。在他们看来,你脸色不好就是"耍性子",你解释两句就是"顶嘴",你不说话就是"赌气"。而他们辱骂你、嫌弃你、打击你、否定你,都是因为"爱你",都是"为你好"。

他们就像行走的正义。你必须听他们的,大事小情都得他们说了才算;你必须向他们袒露一切,任何的行动都得提前征得他们的许可。

你拒绝,他们会说你"不知好歹";你反抗,他们会指责你"没有良心"。

你更像是他们的臣子,而不是孩子。

不管是物质层面,还是情感层面,但凡你说了"我需要",他们就会摆出一副"施恩"的样子。

你问他们简单的事情,他们会不耐烦地说:"猪都会了,你还教不会。"

你在陌生人面前很紧张,他们会轻蔑地说:"这有什么好紧张的,你这样长大了也是个废物。"

你上学期间谈恋爱,他们会恐吓你:"我们千辛万苦让你去上学,你对得起我们吗?"

你毕业了不想谈恋爱,他们会抨击你:"读书把脑子都读坏了吧,不结婚,你对得起我们吗?"

于是,你在"吃光你碗里的东西"和"你需要减肥"这样的夹击下变得逆来顺受,在"你才几岁"和"你都多大了"这样的双标下变得易燃易爆。

糟糕的家庭最典型的特征是，家庭成员之间理解与表达双向困难，既听不进对方说了什么，也讲不清楚自己要表达什么，日常交流的形式就是不耐烦，就是吼，就是生气，就是翻白眼，就是绑架和控制，就是讽刺和挖苦，一点儿小事就闹得鸡犬不宁。

久而久之，可爱的樱桃小丸子长大了，变成了"樱桃小完犊子"（东北方言，形容事没做好，人很无能）；萌萌的天线宝宝长大了，变成了"天线短路宝宝"。

- 3 -

为什么有那么多孩子得抑郁症？
大概率是因为有一个糟糕的家庭。

假如你是个孩子。
写了 5 门功课的作业，终于在晚上 10 点写完了。你松了一口气，以为能踏实睡觉了。
这时候，你爸回家了，你妈冲着你爸喊："还知道回来呢？我以为你死外面了！"你爸让你妈"闭嘴"，你妈把音量提高了三档，骂得更难听了。你悄悄把门关上，怕战火烧到你的房间。
可越怕什么，就越来什么。你妈破门而入，冲着你吼："怎么还不睡觉？都几点了？"
你说："马上就睡。"

你妈厉声问:"作业都写完了吗?"

你说:"写完了。"

你妈又问:"这次期中考试,数学考了多少分?"

你说:"我这次的总分,全班排名进前十名了。"

你妈并不在乎这个,她又问了一遍:"我问你数学考了多少分?"

你小声说:"92。"

不出意外,你妈瞬间就爆了,她抓起桌子上的书朝你扔去:"报了那么贵的补习班,还是考90分!你知道补习班一节课多少钱吗,快抵我一个星期的工资了,你对得起我吗?我和你爸辛苦挣钱供你上学,你就考这样!你能不能用心点儿?"

你觉得很奇怪,准确说是不服气。因为自己明明进步了很多,可在父母眼里还是很糟糕。

你本来打算犟嘴的,可骂你的妈妈突然哭了,她说:"你要是好好学习,我和你爸也不会天天吵架。你爸也不用天天这么晚回家。你怎么这么不懂事呢!"

你动摇了,难道父母过得这么痛苦都是我的原因吗?

这时候,你爸进来了,说:"你要听你妈的话,别总惹你妈生气。数学学不好,肯定是努力还不够,你上数学课是不是搞别的事情了?"

你猛摇头,说你数学一直都不好,这次进步挺大的,说这次试卷挺难,超过90分的没有几个。

你爸让你不要扯谎,你妈也开口了:"对,就是努力不够,你爸说得太对了。"

一瞬间，委屈灌满了你的整个身体，就好像全世界都在与你为敌。

是不是觉得，疯了很正常？

再来，假如你是一个大人。

你在公司里忙了一整天，被老板训过，跟一个合不来的同事吵过，还被一个嘴碎的人冤枉过，你一整天都处在崩溃的边缘，最后拖着疲惫的身子回到家。

推开门，你看见年迈的父母准备好了晚饭，可是你实在没有胃口，就淡淡地说了一句："我不想吃，你们吃吧。"

老父亲说："多少吃一口吧。"

你解释说："太累了，实在是没胃口。"

老母亲说："你看我给你准备了一桌子菜，一直等到现在，你多少都来吃一口。"

你一开始是委屈，觉得他们不理解你的辛苦，然后是觉得烦，所以直接回了房间。

然后两位老人就来敲门了："出来吃饭，你怎么回事呀？你吃个饭再去休息不行吗？"

你没有回应，他们就尝试开门，发现你把门给锁了。于是怨气又提高了一档，打击面也宽了很多，从你的"性格不好"扩大到你的"工资少"，从"你那工作没什么面子"扩大到"你不如谁谁谁有前途"……

说着说着，老母亲开始哭，说养了你这么多年不容易，说你现在翅膀硬了，不听话了，跟父母吃顿饭都不愿意了，一点儿都不孝顺……

你想吼，可又觉得他们确实是老人家；你想哭，可又觉得没必要哭给他们看。

是不是觉得，抑郁了很正常？

再来，假如你已经退休了。

住在很好的养老院里，护工的服务很好，吃喝也很好，还有专人陪你散步、聊天。但是，养老院里有一张自称"科学"的作息表，规定几点必须睡觉，几点必须起床，几点必须吃饭，几点必须上厕所。

如果晚上9点睡不着，不好意思，你得闭上眼睛躺下；如果傍晚想趁着天凉去遛弯，抱歉，早上才能遛弯，下午没有这一项；如果下午4点没有去上厕所，那么不好意思，晚上8点才能再去。

你从来没有被人这么管过，你觉得自己不是人，更像是家禽。

是不是觉得，想逃跑很正常？

把一颗种子放在雪地里，放在沙漠里，放在戈壁滩上，放在高压锅里，它能发芽吗？如果不能，那我们能说这颗种子没用吗？

好的家庭教育是一根杠杆，可以让子女借力，撬动一些更好的东西，比如乐观，比如兴趣，比如信任，比如野心，比如梦想。

结果是，子女在成长的过程中，不断练习和适应，逐渐成为一个更好的人。

坏的教育则是一根扁担，只会压垮人，在日复一日的辛苦和内耗里,逼着子女承认自己的无能和无知。

后果是,父亲不快乐,母亲很辛苦,养出的孩子又是个内心八面漏风的人,一家人就像是各自人生的难民。

有的父母,嘴上说是为了孩子好,其实是为了自己好。有了孩子,他们脆弱不堪的婚姻才能得以维系,他们浑浑噩噩的人生才能有点儿目标,他们躁动的繁衍欲望才能得到释放,他们不能自理的老年才能有所依靠,他们几个亿的财产才不至于被外人瓜分(如果有的话)。

还有的父母,对别人家孩子比对自己家孩子要客气得多,也要优雅得多。他们绝不会打断别的小孩讲话,也不会跟别的小孩抱怨"这个故事你要我讲多少遍",更不会未经允许就推开别人的房门或者窥探别人的隐私。只有对自己的孩子,他们才会因为一点小小的过失就暴跳如雷,因为一点小小的不满意就大动肝火。

结果是,孩子都快要窒息了,这些做父母的,一边喊着"挺住",一边求医生快点儿上呼吸机,可就是不松开套在孩子脖子上的麻绳。

所以,希望为人父母的都能好好想一想这两个问题:

第一,为什么你的孩子不想回家过年?

参考答案:因为你三句离不开钱,四句离不开婚恋,五句谈节约,六句让人懂事,七句是"把你养大不容易",八句是"你看看人家",九句是"你要争气"。

第二,什么样的孩子最难在当今的社会上立足?

参考答案：老老实实，有父母管，却没父母爱；没有家底，却有家教。

为人父母，应该是引领子女游览这个世界的向导，是和子女同行一段路的游客，不是奴隶主，也不是判官。

孩子摔倒了，要去抱抱他，吹吹他的手，而不是斥责他："跟你说了不要跑，摔了活该。"

孩子受挫了，要带他出去转转，听他抱怨，而不是教育他："你看看别人家孩子，你还好意思哭。"

如果孩子小时候的每一次考试之后，父母可以往"没关系，你尽力了就好"的方向引导，那么长大后的孩子就不会那么在意一时的输赢，在感情里就会多一些理智，少一点执拗。

如果父母在孩子还小的时候，能耐心倾听孩子说的小事，那么孩子长大了，就会把"大事"都告诉父母。因为在孩子眼里，那些所谓的小事，从一开始就是大事。

养育孩子就像开盲盒，谁都无法预知会遇到什么问题，更不可能像盖房子那样先画图纸再按图纸去施工。

所以，做家长的要时时提醒自己：亲子关系比考试排名重要，身教比言传重要，过好当下比焦虑未来重要，自我成长比逼孩子努力重要。

为人父母，不要把人生的意义全都寄托在孩子身上，要更多地关照自己。从来不是"你若安好，便是晴天"，而是"我若安好，便是晴天"。

- 4 -

和一个 1998 年的姑娘聊天,她说她有好几年没回家了。我问:"那你一定很想家吧?"

她想了一会儿说:"其实没有那么想。"

她给我看了几张他们家人的合影,每张照片里,她都是板着脸,没有半点儿笑容。

她说她的父母都是控制狂,对她轻则说教,重则打骂。所以她在那个家里总是畏畏缩缩的,即便是独生女,也依然觉得没有她的容身之地。

她说前些年试图跟父母缓和关系。在外面吃到好吃的,看到好玩的,就会跟父母分享,可父母的回复总是阴阳怪气的:

"是啊,你是享福了,你妈妈天天在这个鬼地方吃苦。"

"爸爸这辈子都没吃过这么好的东西,你倒是挺舍得的啊。"

"我跟你爸爸一天到晚紧兮兮地不舍得穿,不舍得花,你倒是玩得蛮开心的。"

"我最近都要累死了,你还发这些来气我。"

唉,有的父母天生就具备一种"魔力":孩子跟他们倾诉烦恼,烦恼会加倍;跟他们分享快乐,快乐会消失。

心理学上有个概念叫"愧疚诱导",意思是,他们通过诉苦、抱怨、自虐、煽情等方式,让你感到愧疚,从而达到让你服从的目的。

很多父母正是将这种"情感操纵"当成了育儿技巧,甚至运用得炉火纯青,比如说:

"我辛辛苦苦工作都是为了你能上个好学校,你还好意思看电视?"

"如果不是因为你,我早就离婚了。"

"为了你,知道我吃了多少苦吗?"

久而久之,孩子就会得出非常荒谬的结论:

"父母过得不好,都是因为我,要是没有我就好了。"

"父母那么辛苦,我也没资格享福,不然就是对不起父母。"

被愧疚感裹挟的孩子,长期生活在压抑之中,不敢做出不符合父母期望的事,总是隐藏自己真正的感受,甚至发展成讨好型人格,习惯性地在顺从和讨好别人的夹缝中生存。

想给原生家庭没那么幸福的人提6个醒:

1. 你人生的方向盘一直在你手上。对于漫长的人生来说,父母只是坐在副驾驶的人,他们可能在中途妨碍你,让你犹疑、烦躁,但自始至终,方向盘在你手上,你要凭借自己的能力开到你想去的地方。

当你习惯把问题归咎于童年阴影的时候,童年阴影看起来是"让你挣脱不掉,让你性格糟糕,让你不幸福"的巨大障碍,但同时也成了"你不改变,你任由自己继续糟糕,你允许自己不幸福"的舒适区。

2. 不要抱着"是我连累了我爸妈""是因为我，父母才那么辛苦的"之类的想法。事实上，绝大多数人都是普通人，结不结婚，生不生小孩，都会很辛苦。

3. 要把父母当人看。他们有可能教养不好，有可能侵略性很强，有可能不会说话；他们会饿，会不耐烦，会懒惰，会贪婪。不要总觉得"父母就应该无私和伟大"，他们只是普通人。

4. 不要盼着父母会承认他们对你造成过伤害。

不要试着纠正父母，不要跟父母讲道理，也不要把这篇文章发给他们看，他们看了很可能会说："哦，所以你是在说我对你不好，你是在说我管太多了？那我以后不管你了，一个字都不说，行了吧？"

5. 要自己争气，而不是凡事都跟父母对着干。

很多文章都在教我们如何对抗原生家庭，教你如何强势，但是你发现没有，他们教你对抗的只是你能得罪得起的，因为你已经长大了，而父母已经老了，此时去"收拾"亲爹亲妈最容易了，反正欺负他们，他们也不能把你怎么样。结果是，你并没有真正变强大，只是学会了"窝里横"。

6. 永远不要去讨好不认可你的人，包括家人，尤其是家人。

你无须对任何除你之外的成年人负责，如果他要因此感到失望，那就让他失望。你只需对自己负责，包括如何支配金钱，如何度过假期，跟什么样的人玩耍，过什么样的人生……

对于父母，你可以尊重或者表达感激，你可以将他们提供的观点和意见设定为"仅供参考"的级别。

祝你的父母通情达理，如果不是，祝你学会课题分离。

你的命运不要让别人做主，即便是家人，也仍然是他人。对自己的命运，你要牢记两点：最终解释权归主办方所有，懒得解释权也归主办方所有。

05 关于命运的法则：
人生就是一场漫长的自我预言

- 1 -

有这样一个扎心的故事。有个女人，第一段婚姻被丈夫家暴，离婚了；第二段婚姻又被丈夫家暴，又离婚了；第三次遇到了一个脾气极好的男人，可还是被家暴了。

女人眉头紧锁着说："我实在搞不懂，为什么婚前那么温柔的男人在婚后有这么大的变化，还动手打我。"

但她的第三任丈夫讲了另一个版本："我和她的感情一直很好，我的脾气也一直很好。但结婚以后，我俩只要发生一点儿争吵，她就会很激动地冲我喊'有种你打我啊，你是不是想要打我？那你打我啊，你打啊'。在她无数次的挑衅之后，我脑子突然一片空白，真的伸手打她了。"

后来对这个女人的过往经历进行了深挖才知道，这个女人从小就看到自己的母亲被父亲殴打，所以她总认为自己难逃母亲那样的悲惨命运，总觉得"男人没有一个好东西""男人都是会打老婆的"。

于是，在这几段婚姻里，她不断地试探、求证，甚至是刺激，以至于脾气最好的那任丈夫也"如她所愿"地变成了一个"打老婆的男人"。

惊人的命运法则是：你关注什么，就会吸引什么；你相信什么，就会发生什么。人生就是一场漫长的自我预言。

比如说，你自认"不是读书的料"，那即使你有时间，你也不会用来学习。因为你觉得"读了也不会懂"，那你的考试注定是一塌糊涂的，所以你更坚信"我果然不是读书的料"。

你对某某的印象不好，你就会发现他浑身上下都是缺点，你会越看越不顺眼，然后你们会因为一丁点儿的小事就大闹一场，于是你更加相信"他果然不是什么好人"。

你觉得自己的孩子学习不行，断定他没出息，于是你对他不断地贬低、打击，在你的反复敲打之下，他的成绩注定会越来越差，最终拜你所赐，他真的变成了一个学渣。

又比如说，你质疑成功者，认为别人成功背后都有潜规则，觉得"他升职加薪，肯定是因为跟老板有什么关系"，"我之所以没搞成，肯定是因为红包给少了"，那么你绝不可能凭借实力出人头地。

你否定努力，认为"这个社会早就不是凭本事吃饭了，再拼命也没用"，"普通人是不可能出头的"，那么你就不可能靠努力改变命运。

你不相信人生有更多的"可能性"，你觉得"好机会不可能轮得到我这种人""没学历、没背景、没人脉，这辈子也就这样了"，那么无论你说的是不是事实，它都会成为事实。

这就是心理学上的"自证预言"，简单说就是：人会不自觉地按自己内心的期望来行事，直到预言发生。

比如说，你喜欢某个人时，你就会在他身上看到越来越多的"可爱"，甚至就连别人觉得"很普通"的特点都被你视为可爱。

而当你坚信"他是个坏蛋"时，你就会有意寻找"他是坏蛋"的证据，甚至采取行动来"帮"他变成坏蛋，最后他真的变成坏蛋了，你还要炫耀一句："看，被我说中了吧，他果然就是坏蛋！"

又比如谈恋爱。你真想和某个人在一起，你就要坚信"我们会白头偕老，我们会长长久久"，抱着"任何问题都难不住我们，任何阻碍都拆不散我们"的坚定，而不是动不动就在心里怀疑"要不算了吧""万一分了呢""好像不合适"。

一旦你觉得"我们不合适"，那么你就会发现你们之间有更多的不合适。一旦你相信"我们是天造地设的良缘"，那么你就会觉得相处过程中的小磕小碰都"问题不大"。

人类的注意力就像一根管道，能够接通世间万物。你把管道接在什么东西上，你就能得到什么。你专注于幸福，就得到幸福；你专注于悲伤，就得到悲伤。

- 2 -

有个女生写信给三毛："我今年廿九岁，未婚，是一家报关行最低层的办事员。常常在我下班以后，回到租来的斗室里，面对物质和精神都相当贫乏的人生，觉得活着的价值，十分……对不起，我黯淡的心情，无法用文字来表达。我很自卑，请你告诉我，生命最终的目的何在？以我如此卑微的人（我的容貌太平凡了），工作能力也有限，说不出有什么特别的兴趣，也从来没有异性对我感兴趣。我真羡慕你，恨不得能够活得像你，可惜我不能，请你多写书给我看，丰富我的生命，不然，真不知活着还有什么快乐。"

三毛回了一封很长的信给她，开头部分是这样写的："不快乐的女孩，从你短短的自我介绍中，看来十分惊心，廿九岁正当年轻，居然一连串地用了——最低层、贫乏、黯淡、自卑、平凡、卑微、能力有限这许多不正确的定义来形容自己。"

实际上，你对自己的每一次形容、介绍、展示，都是一次心理暗示。你怎样说自己，你就会怎样看自己，你就会放大别人的态度，找到自己不好的"确凿证据"。

所以我的建议是，不要用负面的、苛责的、否定的词汇来形容自己，要多用积极的、宽容的、鼓励的词汇来给自己积极的暗示。

不要说"哎呀，烦死了""哎呀，我累死了""唉，我长得好丑呀""我怎么这么蠢呢""我完了""我好穷""我怎么总是这么倒霉"，也不要逢人就讲自己的苦与难，这不仅不会得到帮助或关心，甚至还会让你很难走出来。

要多说"我挺好的""没关系""问题不大""试试看""一切都会好起来的"。经常说"没关系"的人精神往往更放松，经常说"试试看"的人往往更容易成功，因为语言是有力量的，这种力量会从你的嘴里传到你的心里。

生命中的一切都并非偶然，挂在嘴上的人生，也许就是你的一生。

对自己的能力有所怀疑，对未来的不确定性有所担心的时候，人就会给自己消极的暗示："我肯定做不好""我肯定会失败""我真的好讨厌这件事情""我真的不想做""明天再说吧"。

那结果自然是，在现实生活中怨气满满，故步自封，畏畏缩缩，敏感偏执。

所以，我想给"喜欢说丧气话"的人提个醒：人是一种会被自己的语言操控的动物。如果你不断抱怨老天的不公和自己的不幸，那你就会被痛苦包围，并且很长时间都走不出来；但如果你不断去发现生活的美好和命运的馈赠，那么你就会被好运气包围，就会觉得人间值得。

也想给"喜欢以弱者自居"的人提个醒：你有机会就去争取一下，你有优势就努力赢一局，而不是时时刻刻摆出一副"我尽力了""我无所谓"的态度，然后，一遇到麻烦就缴械投降，一遇到不公平就哭天抢地。

我的意思是，抱怨从来不会引来那些你想要的东西。相反，抱怨会使你永远摆脱不掉那些你不想要的东西。

人生就是，假装容易又平坦，其实每一步都艰难。
生活就是，虽然不能让人处处满意，但也不会让人绝望到底。
过好这一生的秘诀就是：很多事情只要往好的方向想，它就会慢慢变好。

再讲一个让我印象极深的小故事：

在一辆车里，有个 8 岁的小朋友对他叔叔说："你想不想看我抛一把我口袋里的五彩纸屑？"

叔叔说："不不不，不要丢在车里，太难收拾了。嗯？你的口袋里为什么有五彩纸屑？"

小朋友得意地说："这是我的应急纸屑，我到哪里都随身带着，以防有好事突然发生。"

这是一种非常让人羡慕的心态：我始终相信有好事即将发生。

人的身体里有两股力量，一股是积极、正向的，它让你觉得"我真了不起""我运气真好"；另一股是消极、负面的，它时时提醒你"我好倒霉""我啥也不是"。

积极的人总是被丰盛、充沛、力量、慷慨所吸引，而消极的人总是被匮乏、索取、脆弱、控制所吸引，这直接把人分成了"幸福的人"和"不幸的人"。

那么，我们该如何培养积极的心态，避免消极情绪的影响呢？

1. 展示自己的时候不要露怯。

比如一本书，你还没看，作者就跟你道歉说："我塑造的人物太糟糕了，实在是对不起读者。"那么这本书的内容无论多好，你读完大概率得出"确实好一般"的结论。

2. 主动选择你的圈子。

你不想变成什么人，就要少接触什么人。比如你不想喝酒抽烟，就少和这种人吃饭或者玩耍。你想积极向上，就少和消极悲观的人商量事情或者交换想法。

3. 把自己当回事。

同样一件事，你把自己看得太卑微，你就会觉得这件事无比沉重。反之，你把自己当成重要人物，这件事就会显得"问题不大"。

4. 学习富人思维。

很多人喜欢说"我买不起，我做不到，我没时间"，因为说完就可以不做这件事情了。而富人思维是，"我怎样才能买得起，我怎样才能做到，我怎样才能抽出时间，我要为此付出多大的代价，我这么做有哪些好处"。

5. 展示积极向上的生活，建立积极乐观的语言体系。

不管一天有多难熬，不管最近有多衰，总有那么一两个美好的细节可供展现。不要说负面的话，要假装运气很好，要多提醒自己"小事而已"。

6. 学会转念。

不管多么糟糕的事情都要努力看到积极的一面，比如没考上公务员，那选择其他工作的机会更多了；比如离婚了，终于不用再考虑对方的感受了，而且还能有新的恋爱机会；比如生病了，总算可以心安理得地躺一阵子……

7．永远不要觉得一件事情很难。

当你觉得一件事情很难，它真的就会变得很难。你的大脑就会被恐惧占领，你就会选择逃避或者拖延。

8．学会"假装"。

你想成为什么，就假装"我已经是了"；你想做什么，就装出一副"我做这件事不在话下"的姿态来。

要注意你的心态，它会影响你的想法；要注意你的想法，它能决定你说的话；要注意你说的话，它会影响你的行动；要注意你的行动，它将变成你的习惯；要注意你的习惯，它能塑造你的性格；要注意你的性格，它决定了你的命运。

- 4 -

有一种思维模式是"找宝藏"。不管多么无聊的地方，他都能发现美好，就算是不小心坠入深渊，他也能在绝境里欣赏绝美的风景。

与此相对的思维模式是"捡垃圾"。不管给他什么好东西，他只能看到缺点和扫兴的地方，就算把他抬进了皇宫，他也只会满地找空瓶子。

如果一个人眼里心里只有"我的命好苦""我真倒霉""我好差"，他就会一直苦、一直倒霉、一直差劲。因为但凡看不见光的人，光自然也照不到他。

如果一个人内心的声音总是"我能，我行，我可以"，那他的人生注定会"赢麻了"。

因为相信美好是发生美好的前提。

心态好最神奇的地方是，它总有办法让一切发生对你只带来正面的影响。

反之，一旦你开始怀疑自己，你身体里那个厉害的自己就会拒绝和你合作。

那么，如何对自己进行积极的心理暗示呢？先讲5条经验：

1. 与人交往时记住1条原则：谁对你的生活产生了积极的影响，谁给你带来更多的快乐，你就多花时间和谁在一起玩。和他玩的时候不停地暗示自己："果然运气变好了。"

2. 遇到糟心事时记住2个心法：一旦决定了，就认为"这是最好的决定"；一旦发生了，就认定"凡事发生必有利于我"。

3. 睡前对自己说3句能助眠的话：没关系的，都会过去的，人间值得的。

4. 遇到难题时用这4句话来打打气：都是小事，问题不大，还来得及，我能搞定。

5. 灵魂缺电时用这5句话进行"快充"：我比我想象的要好得多，我比我想象的还要健康，我比我想象的还要可爱，我比我想象的还要有办法，我比我想象的还要好看。

来吧，拿出手机，打开前置摄像头，对着镜头念："我就是会发财的命，我就是享福的命，我就是身体健康的命，我就是吃喝不愁的命，我就是只有开心、没有烦恼的命。"

心态好的人遇到困难可以通过"泡澡、吃好吃的、睡一觉"来重整旗鼓，而心态差的人遇到困难时会通过"不爱动、吃不下去、睡不着"来磨损自己。

所以，不要总是有那种"我不好""我不配""我不值得"的想法，要多跟自己说"我很好""我值得""我超配"；不再费力去对抗你不想要的东西和不喜欢的人，要多看看你想要的东西和你喜欢的人。

你总觉得"有不好的事情要发生"，不好的感觉就会一直产生；你总觉得"有好事即将发生"，美好的感觉就会相伴一生。

当你选择了相信，事情就会朝着你期待的方向发展，因为老天从那个瞬间开始行动了，它会制造各种各样的、对你有利的意外、偶然、巧合，这些天赐的帮扶，远超你的想象。

哦，对了，关于"心理暗示"，还有 3 个提醒：

1. 我们既要利用暗示的力量，也要当心暗示的力量。比如，当你夸一个人的衣服好看，你最好是真心实意的，因为他很可能会在接下来的几年里都穿那件衣服或那种风格的衣服。

2. 越是形势对自己不利，就越要振作精神，哪怕是强装镇定，这样外人感觉你势头没倒，不至于落井下石。

3. 在不损人的前提下，多给自己贴一些体面的、积极的、高大上的标签。就算和真实的自己还有差距，但除了自己之外，又有谁会在意呢？

希望你每天都能"三省吾身"，得出的结论永远都是：吾很可爱，吾没错，吾怪好的。

06 关于被冒犯：
我凡事看得开，但不影响记仇

- 1 -

在《埃隆·马斯克传》一书中，有一段马斯克的独白："对于所有那些曾被我冒犯的人，我只想对你们说，我重新发明了电动车，我要用火箭飞船把人类送上火星。可我要是个冷静、随和的普通人，你们觉得我还能做到这些吗？"

真正的强大就是：我知道自己要什么，我知道自己有权怎么活，我知道自己不必非得怎么样。

不是什么人都得奉为上宾，不是什么话都得当成金玉良言，我们生命中的大多数人只是宇宙安排的路人甲乙丙丁，他们的主要任务是让你意识到自己的真实感受和真实需求，与你分享你生活所需的知识、经验和智慧，让你的人生旅途变得丰富，而且尽兴。

然后，他们的任务就结束了。

这也意味着，他们的意见、观点、方法都可以降到"仅供参考"的级别，而你的感受、情绪、喜好都要上升到"至关重要"的程度。

所以，不要给自己立一个"我很好相处""我非常有素质"的人设，而是要坦坦荡荡地说"我不想"，大大方方地说"不行"，理直气壮地说"我乐意"。

很多东西只有你自己重视、珍惜,别人才不会贸然浪费、糟蹋。包括你自己。

如果有人说:"他怎么就欺负你,不去欺负别人?"你就可以说:"怎么就他欺负我,别人不欺负我?"

如果有人说:"你让一只狗吃这么贵的东西,你有给你父母用过这么好的东西吗?"你就可以说:"瞧我这记性,又把你当人看了。"

如果有人说:"你怎么这么小气啊!"你就可以说:"你大方,那我下个月的房贷,你帮我还了吧。"

你想要什么、你介意什么、你在乎什么、你反感什么,这些都是天大的事情。如果别人给不了你想要的,却还要嘲笑你;如果别人不理解你介意什么,还要抨击你;如果别人不尊重你,还要道德绑架你;如果别人不顾你的感受,还想拿捏你,你有必要放下个人素质。

对太善良的人来说,成长意味着,你的素质,有待降低。

- 2 -

再讲两个关于邻居的故事。

甲和乙是邻居。乙没有装宽带,问甲要了 Wi-Fi 密码。甲爽快地同意了,因为甲觉得他们关系不错,而且这对他没什么影响。

后来甲得知乙买了电视会员,就对乙说:"能不能把你的电视会员借我追追剧？"

这时候，乙的妻子开口了："想看就自己付钱买，那是我买的会员，我不愿意分享。"

空气瞬间安静了，乙急忙向甲道歉，甲笑呵呵地说："没关系。"

又过了一会儿，乙的妻子大声喊乙："你快回来看看，电视坏了。"

乙进屋去了，不一会儿和妻子一起出来找甲："电视没坏，是 Wi-Fi 不能用了，密码登录不上。"

甲说："我改了密码，因为是我付的钱，我不愿意分享。"

丙和丁也是邻居。某天丙刷视频，听说 Wi-Fi 有辐射，对孕妇不好，于是丙关掉家里的 Wi-Fi，还要求丁也把 Wi-Fi 关了，因为他的妻子怀孕了。

丁跟丙解释 Wi-Fi 根本不会影响健康，但丙根本听不进去。丁甚至搬出论文数据，告诉丙这种程度的辐射没什么影响，结果丙直接说丁"没人性"。

丁不再解释了，而是直接拿出一份合同，让丙签字。合同的大概内容是，关掉家里的 Wi-Fi 没问题，但流量费需由丙买单。合同详细地列举了自己过往每天流量的使用情况，家里一共多少人，多少手机、电脑，一个月的流量费用大约是多少；在时间上也替丙考虑周全：丙的妻子怀孕 10 个月，还要等孩子长到 3 岁，这期间所有的流量费用都由丙承担。

还特别强调，费用月付，可以年交，也可以一次性付清。

与人交往要讲礼尚往来。尊重是相互的，分享是相互的，礼貌也是相互的。但与此同时，不尊重是相互的，不大方是相互的，不礼貌也是相互的。

人活着不是为了向别人出示一张好脸或者好人卡，生活的意义也不在于扮演一个让所有人都满意的角色。如果总是太好脾气的话，你身边的讨厌鬼一定会越来越多的。

也许有人会问："做好人真的会吃亏吗？"

我觉得要分情况，如果你发自内心地不想帮那个忙，那么答案是"是的"；如果帮助别人让你的快乐变少、抱怨变多，那么答案是"是的"；如果帮助别人会牺牲你的核心利益、会影响你的成长，那么答案是"是的"。

- 3 -

你是不是也遇到过类似的情况：

饭局上，一张红光满面的丑脸在劝你喝酒："怎么不喝呢？是不是不给面子？"

口碑很差的同学，突然找你借钱："你不借我钱，就是不讲同学情义。"

非常热情，但没感情的亲戚，突然向你开火："你不结婚、不生娃，就是对父母不孝。"

但实际上，他们只是想让你听话喝下那杯酒，只是想要拿到你的钱，只是想要你遵从他们的意愿生活，所以才会将一件不相干的小事上升到尊重、情义、孝顺这个高度。

可问题是，不喝酒和不尊重人，不借钱和没有同学情义，不结婚生娃和不孝顺父母，这些之间没有必然的逻辑联系。

道德绑架别人的人，只是强调了别人需要遵守道德的一面，却掩饰了他自己不道德的一面。

事实上，没有人可以逼迫你"一定要怎样"。如果有人逼迫你，无论是委屈巴巴"装绿茶"，还是阴阳怪气地搞道德绑架，都可以当成你精神世界的"侵略者"，请默念一句"我需要得到你的认可吗"，然后毫无愧疚地远离。

早晚你会明白，就算你对他们始终怀着善意，在言谈举止间以礼相待，但也阻止不了他们对你的"勒索"，他们勒索的不只是金钱，还有时间、情绪。他们用狭隘的认知、扭曲的价值观、糟糕的情绪来搞砸你纯粹的快乐和难得的平静。

是的，在有毒的环境和关系里待久了，人早晚会变成疯子、泼妇、抑郁症患者，不管你怎么委曲求全，怎么强大内心，怎么假装没事，你顶多就是变成一个看似体面和正常的怨妇。

所以我的建议是，遇到喜欢的人，就露上牙对他傻笑；遇到不喜欢的人，就露下牙龇他！

怕就怕，你又菜又凶，一边怄着气，一边放着狠话：
"哼，敢惹我，你就算踢到棉花了。"

"哼,敢惹我,你就惹对人了。"

"哼,敢惹我,那我就死定了。"

"哼,虽然我不惹事,但我怕事。"

"哼,惹到我,你会有麻烦的,但不太大。"

怕就怕,你一边忙于生存,一边忙于表演。你觉得自己是站在舞台中央、被聚光灯照着的人,舞台下面黑压压地坐满了观众,你化着精致的妆,汗流浃背地做着高难度的动作,小心翼翼地念着台词,心心念念地等着掌声,直到落幕,直到灯光亮起,你这才发现:四周空空如也。

人情世故不同于知识,也不同于技能,不擅长就是不擅长,不必勉强自己非学会不可。有的东西就像对酒精过敏,是学不来的。

生而为人,要长成一个性格鲜明的、真实的人,而不是各项特质的强硬拼凑。与其强迫自己学习"会来事儿",不如形成一套"我就是这样"的风格,然后在不同的场合坚持这种风格,那么别人就会认为你的六亲不认、你的不给面子都是合情合理的。然后,他们会自动调整、变换出一种能和你相处的模式。

反之,如果你不想办法守住自己的生活方式,别人就会想办法修改你的生活方式。你不维护自己,别人就会拿捏你。

这个世界比较糟糕的一点就是:狼心狗肺的人,从不相信因果报应;而受尽委屈的人,总期盼着苍天有眼。

那么，如何才能避免被人拿捏呢？

1. 不要把别人看得太重，要置顶自己的感受。"我愿不愿意"比"你满不满意"更重要。

2. 不需要为别人的情绪负责，让别人舒心不是你的责任，"我开心"比"让你开心"更重要。

3. 不需要和所有人都成为朋友，也不需要和某个人一直是朋友，有几个朋友或者有一阵子是朋友，也很好。

4. 不要担心被误解。被误解是很正常的，"我怎么看待自己"比"你怎么看待我"更为重要。

5. 不想笑或者不想哭时，不要勉强自己。在爱你的人眼里，哭着的你和笑着的你一样可爱。

6. 不用非得跟大家一样。"别人都这样"是"我不想这样"的绝佳理由。

如果为了赢得不喜欢你或者你不喜欢的人的认同，那么你做的事一定是你不喜欢的。

- 4 -

我其实特别想推广一句东北话："都别劝，今天谁都不好使。"

因为我发现大家太擅长"勉强自己"了：

不想说的谎，还是说了；不想参加的局，还是去了；不想加的好友，还是加了；不想吃的饭菜，还是吃了；不认同的"好言相劝",还是照做了;被人冷嘲热讽,还要笑脸相迎;与环境格格不入,还得逢场作戏……

久而久之,你越长大就越"懂事",而这种"懂事"仅仅意味着,你懂别人的事,理解别人的苦处,容易被别人打动,甚至在自己的利益和别人的发生冲突时,选择顺从别人的意志,为别人牺牲自己。

我想提醒你的是,世界上只有一件事情比"别人不喜欢真实的你"更糟糕,那就是"别人喜欢不真实的你"。

他们首先会夸奖那个不真实的你,而这种夸奖带着隐形的压力,它意味着:你不照做,就是辜负;你不服从,就是"对不住"。

他们接着会用圣人的标准来要求你,以一己私利来指责你,拿道德来绑架你。

他们最后会指责你性格不好,脾气不好,浑身带刺,不好接近,目中无人,不知好歹……

他们的真实意思是:你这个人到底是怎么回事啊?我只是想侵犯你的自由,想破坏你的边界,想左右你的选择,想占有你的利益,想动摇你的立场……我如此费尽心思,竟然没办法说服你,你简直是太不可爱了,哼!

一旦你开始迎合他人,开始扮演别人喜欢而自己不喜欢的模样,你就会变得无趣而且不快乐。

所以,你要好好挑朋友,好好挑饭友,好好挑工作,好好挑伙伴，好好挑恋人，好好挑和你有关的人，你要选择重视你的人，要为一家重视你的公司卖力工作，要为一个在乎你感受的人努力付出。

有人可能会用"人在江湖，身不由己"来替自己辩解，更有甚者会把吃亏说成是福气，把为别人牺牲说成是伟大，但实际上，吃亏只是吃亏，牺牲只是牺牲。

当你被人群裹挟着前进时，你觉得自己是被动或者无辜的，却忘了作为个体的你，其实一直拥有主动选择的权利。只是你习惯了"勉强"和"妥协"，才误以为自己"实在是没办法"。

我想提醒你的是，很多坏东西就是在发现你软弱可欺时才找上门的。所以，不要习惯"吃亏"，不要忍受"不友好"，不要接受"不被重视"，不要勉强自己活成别人期待的样子，不要牺牲你的诚实去换取和别人的关系，不要用对自己不好的方式来对别人好。

而是要经常提醒自己："我不是非得脾气好，我可以摆臭脸，我可以选择不融入某个圈子，我可以不做让自己不开心的事，我可以拒绝，哪怕被认为性格差也没关系。我首先是为自己活的，其次都是其次。"

如果遇到某个人，让你变得低声下气或者曲意逢迎，请记得问问对方：你是给我交过学费，还是给我换过尿不湿，凭什么要求我让你赏心悦目？

除了要拒绝"坏人"的道德绑架，还要当心"好人"的情绪勒索。

就是有那么一类人，他们往往表现得很友好，但是当你跟他们接触之后，你会觉得很辛苦，因为他们总是怨气满满，失望多多。

比如他们会说："我在朋友圈里公布了最近的旅游计划，其中就说了要去你所在的城市，我以为你会主动约我，没想到等了一天，你都没理我。"

又比如他们会说："我和××都给你送生日礼物了，但你发朋友圈的时候，把C位给了她，看来在你的心里，还是她更重要吧。"

他们暗自期待，然后暗自失望，然后很客气地向你表达他们的失望，而你全程都不知情。听完了他们的表达，你要么很愧疚，要么很不爽，要么很烦躁。

这类人就像黑洞，靠近一点就会吸走你的能量。哪怕你是跟他分享喜悦，他都能让你黯然神伤。而你要做的是，趁早远离这些给你制造愧疚、破坏你平静的人。越少搭理，越早拉黑，你的命运就会越好。

二三十岁的年纪，比胶原蛋白流失还要快的其实是勇气。包括但不限于：豁出去的勇气，改变的勇气，以及被讨厌的勇气。

实际上，被讨厌并不像你想象的那么糟糕，甚至会因此减少很多的精神内耗。比如"因为太累，所以不想参加聚会""因为不打算跟你长期来往，所以不去参加你的婚礼""因为口味不同，所以选择独自用餐""因为不在状态，所以今日少饮几杯"……

关于社交，我要提 5 个醒：

1. 长时间和一个糟糕的人相处，一定是经由你允许才发生的。

2. 不能因为心里有愧疚，就允许别人对你不好。屏蔽、静音、远离、删除、取关，都是自我照顾。

3. 你没有对谁好的义务，但你有讨厌谁的自由。"总喜欢牺牲自己"和"总想着给人当妈"，都是病，得治。

4. 总是给你出难题，总是在制造麻烦，总是给你制造紧张空气的，尽可能早地敬而远之。

5. 要好好保护自己的观点，也许这些观点没什么了不起的，但这对你来说非常重要。假如失去了它们，你也就没什么味道了。

假如你总是表现出"没事儿的，你可以不跟我玩""是的，我这个人不好说话""嗯，我不想帮你的忙""对啊，我就是态度不好""对对对，我就是不讲人情"……那么你每天晚上都会睡得很香。

最后，望周知：

说你"不懂事"，意味着你"不好骗了"，意味着你"有主见了"，是褒义词。

说你"强势"，意味着"操控不了你"，意味着你拥有了"视他人为粪土的能力"，是褒义词。

说你"自私"，意味着"没能占到你的便宜"，意味着你的利益"不允许别人侵犯"，是褒义词。

说你"见外",意味着你"不想浪费热情",意味着你在做"防御",等于变相地跟人说,"请别说了,请离我远一点儿,请自重,请要点儿脸吧",也是褒义词。

PART II

我这一生,确实是热烈又真诚地活着

要热气腾腾地活着,吃爱吃的食物、买喜欢的东西、穿漂亮的衣服、珍惜爱的人、做喜欢的事……先争取今天快乐,先争取开心地活在当下,先别管这种活法"高不高尚"或者"有没有出息"。

07 关于松弛感：
不要相信压力会变成动力，压力只会变成病历

- 1 -

经常听到有人说："当你觉得生活累，就去凌晨 4 点的菜市场或者医院的急诊室看一看。"

有个绝妙的回应是："如果觉得累，就应该休息，而不是去看谁比自己更累。"

是的，"我现在很痛苦"和"还有人比你更痛苦"，这两者之间没有任何关系。

有太多的人，活得就像一头给自己买鞭子的驴。

遇到事了，总是下意识地从自己身上找原因。任何一点点失败，都会当作对自己的全盘否定。有什么事情没有做好，就怪自己不够好。

那结果自然是，你会习惯性自责，习惯性得出对自己不利的结论："我之所以赚不到钱，得不到爱，无法喜欢自己，完全是因为我不够努力，不够拼命，不够自律，不够有天赋。所以，我不值得爱，我不值得尊重。所以，我被轻视是合理的，我被放弃是正常的。"

可现实情况是，十八九岁，高考刚结束，你对学科、前途、职业一无所知，却被要求选择自己的专业。二十四五岁，大学毕业，你对人生追求、商业世界的运行规则毫无概念，却被要求选择自己的事业。三十岁不到，你在对自己、对人际关系、对人情世故一知半解的情况下，却被要求确定人生伴侣。

我的意思是，人生出问题本就是一个大概率事件。

我们好像都是从小被吓到大，好像达不到某种世俗的标准，人生就完蛋了。

但实际上，选择错了没事，比不过别人没事，单着没事；偶尔看手机没事，睡到中午没事，不对讨厌的人笑没事，大声地哭出来没事，不那么乖也没事；软弱可以，逃避可以，枯萎可以，暂时休息可以，承认自己痛苦也可以；朋友不多没关系，飞机晚点没问题，有人不喜欢也很正常。就算此刻外面疾风骤雨，明天的太阳还是会照常升起。

钱没了可以再挣，工作没了可以再找，恋人弄丢了可以换一个，牛奶洒了就再倒一杯，钥匙丢了就换把指纹锁，被比下去了就重新开始，别跟自己较劲，别跟自己闹别扭。

没有一种批判能比自我批判更强烈，也没有一个法官比自己更苛刻。人只有停止自我攻击，才能将自己从霉运的沼泽里拽出来。

人常常会犯的 3 个错误：

1. 别人都那样，我也必须那样。如果我没法跟别人一样，别人就会瞧不起我，会笑话我，会远离我，会孤立我。

2. 我觉得这样是对的，那么别人也理应这样觉得。如果别人跟我不一样，我就劝他。如果别人不听，我就生气。

3. 我必须什么事情都做好。如果我搞砸了，那我就不值得被爱，就得不到认可，那我的人生就完蛋了。

于是，你总是试图去读懂别人的所思所想，总是试图预测谁都没办法保证的未来，总是过分地纠结不要紧的细节，总是在脑海中循环播放某个糟糕的瞬间，总是陷在过去的一段回忆里不能自拔，总是为自身的某个缺点惶恐不安……

你陷在情绪的怪圈里，误以为想得越多就能解决问题，结果是筋疲力尽却于事无补。

感觉很丧的时候，就像手机电量低于 20%，要自动变成省电模式，信号不用那么强（不关心别人怎么说，怎么活），网速也不用那么快（不选择，不回应），没关机就行。

一个人不用活得像一支队伍，活成真实的你自己就好了，既有野心、远见和尊严，也有莽撞、软弱和颓废。也不用逼自己变成一个十全十美的人，人一辈子只要把一件事做好了，就能过得很好，其他方面可以安心地做个废物。

只要活着，我们就会不断地出错、出丑，但没必要对此耿耿于怀，该吃吃，该喝喝，爱谁谁。

不要逼自己十全十美，不要把自己的选择建立在别人的认同上，不要反反复复咀嚼那些让你不爽的人或者出糗的事，不要强迫自己"必须出人头地"，不要责令自己"必须合群"，每个人都有不是星星的权利。

人哪，对自己也要手下留情。

因为你知道，生活不可能万事如意，总会有不圆满，不如意，来不及。

因为你很确定，拥有美好生活的方式有很多种。所以，单身没关系，没考上那所大学没关系，晋升失败没关系，走很远的路又绕回来也没关系。

因为你很清楚，花有花期，人有时运。所以，你允许今天天气阴沉，心情不佳；允许爱情迟到，或者不来；允许生活中无缘无故的失去，或者莫名其妙的哀伤；允许自己只是一个普普通通，甚至是失败的人。

人生就像一场球赛，如果赛前制订的计划不奏效，那就在中场休息的时候调整一下策略，人生不是非要怎样。

有个姑娘给我发了一句话:"不想做人了,想做花,矫情,难侍候,不高兴了就死掉。"

我问了一句:"怎么啦?"

她滔滔不绝,连发了三十几条语音。她没有说具体是哪件事让她崩溃的,但似乎每件事都在让她崩溃。

比如孩子吃饭的时候用手抓着吃,然后全都抹到自己的头发上,她忍不住打了孩子的手。

比如身边的朋友都给孩子买了学区房,假期都带孩子出去旅游,可她什么都做不了。

比如早上赶着去上班,老公却赖床不起来吃她做好的早餐,她气得跟老公大吵了一架。

比如父亲因为肾结石住院了,但她完全没有时间去照顾。

她责怪着自己不是一个合格的妈妈,不是一个善解人意的妻子,不是一个孝顺的女儿。

我想了好久,然后很认真地敲了一段话给她:"你是会累、会失望、会崩溃的生命,不是按照某个规定程序运转的机器;你是会笑、会哭、会做鬼脸的人,不是不符合大众期待就要被判定好坏的物品;你是会失望、会纠结、会权衡的普通人,不是从不犯错、十全十美的圣人。所以,你的情绪有起伏,状态有好坏,能力有高低,表现有波动,过程有曲折,结果有成败,都是很正常的。甚至就连自私、小气、妒忌、犯懒、胆怯、占便宜、厚脸皮、不通人情，也都很正常。"

  一个人可以有好多个"分身"。想当好妈妈的是你，不会教孩子的也是你；想当好妻子的是你，跟老公斗气的同样是你；想做孝顺子女的是你，跟父母顶嘴的依然是你。

  类似的还有：想放纵吃东西的是你，想拥有好身材的同样是你；想没日没夜地追剧、打游戏的是你，想好好学习、努力搞钱的也是你；想大肆花钱的是你，想精打细算的也是你；想刻薄撑人的是你，想维持好人设的还是你……

  不用过分强调"我必须怎样才算是合格的妈妈、妻子、女儿"，也不用责难自己"我只有这样做了才算是懂礼貌、很上进、有教养"。只要活着，谁也没资格轻松，但谁都有资格以轻松的心态面对生活。

  不要因为从前的幼稚就对现在的自己满是鄙夷，不要因为没有满足别人的期待就怀疑自己，而是要相信这世间美好与你环环相扣。

  不要因为一个失误就觉得一整天都完蛋了。比如中午吃多了，不要觉得今天的减肥计划泡汤了，那只会让你把晚上的减肥任务也搁置掉。

  不要因为计划中断、缺乏动力、没有干劲就忧心忡忡，而是要经常提醒自己："这是你生而为人的正常表现，只有机器才会一直充满干劲。"

  既然事情已经尘埃落定，就不要再用情绪把它扬得哪哪都是。

比如说，对最爱的人发火了，马上着手去修复伤痕、停止互相伤害，不要总掂量谁更占理；照顾不了父母，那就多打电话、多打钱，不要道德绑架自己；没能力给孩子最好的物质条件，那就努力给他们更多、更好的陪伴。

火已经发了，架已经吵了，学区房确实是买不起，照顾不到父母确实是客观事实，那就接受它们，不要给自己懊悔的机会，不要拿出一大段的时间用在责怪自己上，不要放大自己的不足、过错，或者分身乏术，要认账、认栽，为错误和能力不足买单，然后迅速撤离现场。

成年人最要紧的事情是学会接受，接受自己的脑子不够灵光，接受自己的情绪不够稳定，接受自己不会讲漂亮话，接受很多辛苦付出都没有对等的回报，接受遗憾和失去，接受踩坑和失败，接受别人看法不同，接受自己有邪恶的念头，接受有人不告而别，接受有人不劳而获……

接受意味着，无论今天过得怎么样，都当它是"穿了一天的袜子"，到家就得脱了。

其实吧，很多事情想不通也没关系，过一段时间你就想不起来了。

有一个热门的段子："你恰巧有那么一点儿天赋，够你去觊觎天才们的那片殿堂，却不够你进入。你在门前徘徊良久，隐隐约约看到了殿堂透出的光，却敲不开那扇门。你颓然而坐，以为这就是人世间最大的遗憾，却恰好听到殿堂内传来一声叹息：我好菜啊！"

网络太发达了，你足不出户就能看到各种厉害标签、光环加身的人。

你羡慕别人的家境或者天赋，羡慕得几乎要丧失前进的动力了；你长年累月为自己的平庸忧愁伤神，一想到被别人比下去的人脉、长相、本事、口才，你就觉得人生无望。

你明明有想达成的目标，却没有勇气为之放手一搏；你明明有想要完成的事情，却反复给自己施加"我不可能做到"的暗示。

你每天的任务就只是和自己的普通较劲，和命运的苛刻较劲，和生活的不公较劲。

结果是，你踌躇满志却又整日混吃等死，想与命运对抗却又事事心灰意懒，心比天高却又处处画地为牢，胸怀大志却又总是原地踏步。

我只是替你担心，怕你命运的齿轮一点儿没转，而人生的链子快掉光了。

上几代人,大家的人生轨迹无非是相亲、结婚、生儿育女、熬到退休,大家共用同一套"人生模板"。

而现在,普通人还是普通人的命,但因为在网络上看到了太多不普通的人和事,以至于很多人的内心变得不安宁、不知足、不满意、不甘心。

于是,你看着别人如何如何,就觉得自己也应该怎样。你也想成为野心勃勃的企业家或者岁月静好的小资党,想变成活在当下的自由派或者处处受欢迎的网红达人,你也想拥有美好的友谊或爱情,想要完美的婚姻或家庭,想找到喜欢的工作或事业……

久而久之,你习惯了拿别人的剧本过自己的生活,拿别人的地图走自己的路。

结果是,同样是过普通的一生,但跟前几代人相比,你的心态变差了,体验也变糟了。

世界到处都是隐形的"尺子",你的出身、长相、能力、感情、工作被随时随地丈量着,然后被提醒"你看那个谁谁谁,你再看看你""他那样活着才叫生活""你有什么资格不听话""跟别人比,你差远了"……

结果是,你从小被这些"外界的声音"教育长大,以至于你习惯了将评判自己的权利拱手让人。

我想提醒你的是,不是非要有天赋才配活着,不是非要有成就才算活着。你可以有目标,但不能削足适履,不能被所谓的"目标"给绑架了,而是要明白,你才是那个能随时决定并调整目标的人,而不是被目标决定和裹挟的人。

我的意思是,放过自己才是真正的上岸。

最好的心态是,要像养一棵盆栽那样对待自己,时不时松松土,让环境松软且透气,时不时晒够阳光,并按时按需补充水分。允许自己暂时落后,同时祝贺别人遥遥领先;允许自己偶尔蔫一会儿,同时清楚"这很正常";允许自己的花有一些没结果,同时了解"这对自己来说是件好事"。

如此一来,你就会慢慢找到自己的节奏,按自己的花期开花。你还会想通很多事情:

"我少年不得志是正常的,我的出身、见识、能力都决定了我在二十多岁是很难成功的。"

"我会在很多事情上缺乏主见,我会在诸多选择面前显得目光短浅,这注定了我会比那些资源丰富、见多识广的人要晚熟几年。"

"我需要多尝试,多学习。别人二十几岁能达到的人生高度,我可能要三四十岁才能达到;别人三四十岁就能拥有登顶的机会,我可能要四五十岁才可以等到。"

"我的目标应该定为'要努力,但不要着急',而不是整天为难自己说'你看那个谁谁谁,比你强多了'。"

有无数的心灵鸡汤都在强调"挺住意味着一切,高情商的人都戒掉了情绪",却很少有人说"撑不住是可以的,崩溃是可以的,发疯也是可以的"。

对灵魂紧绷的年轻人来说,时不时地松弛一下尤其重要。

松弛感主要包括3个部分:一是对自己诚实,二是坚定地做自己,三是懂得放过自己。

所谓"对自己诚实",就是我的好,无须向别人证明;我的糟糕,我也心里有数。我不以别人的标准要求自己,我知道自己想要什么,也知道自己不想要什么;我允许自己不够好,也允许自己"做不到"。

所谓"做自己",不是我工作遇到麻烦了就裸辞,我不喜欢学习就放弃学业,我不想社交就跟所有人绝交,我心里不爽就跟人硬刚,而是我想做科研就认真学,读个博士,进学术圈;我想升职,就把专业的技能弄透,直至精通;我想当老板,就把货源、渠道、销售、管理的那一整套都弄明白;我想当作家,就先读个几百本书,写他个几十万字。

所谓"放过自己",就是在状态好的时候,我会鼓励自己上进、拼命、放手一搏,但同时允许自己在状态低迷时偷懒、妥协、委曲求全;就是面对否定、质疑、指责时,我很清楚这一次小范围的失败不能说明什么,那个人的质疑不能否定我,那几句不符合真相的指责更不会影响什么。

松弛感的本质,不是由着自己的性子肆意妄为,或者对世间万物都无所谓,而是明白"他人的看法"重点在"他人","自己的人生"关键在"自己"。

那么,在日常生活中如何培养松弛感呢?这里有8个小妙招,希望对你有用:

1. 社交失联。

不上网,不发朋友圈,不找人哭诉,找一本书、一部剧或一个游戏,让自己沉溺其中,但要设置时长,比如两个小时、一天、三天,或者一个星期,然后你就会发现,之前的执念、疑惑、焦虑、烦躁都威力大减。

2. 蔫儿几天。

不努力,不上进,不精致,不做好人,像秋末的盆栽那样放肆地掉叶子。等时间一到,又能像春树那样冒新芽。就像是驻在码头养精蓄锐的船,等好风吹起来,又能扬帆远行。

3. 练习不在乎。

多念几遍:"谁认识你呀,谁在乎你呀,谁还不出错啊,谁是一开始就会的呀!"

4. 站在自己这边。

如果你对一个人缺少好感,那就远离他;如果你觉得某个选择不安全,那就拒绝它;如果你自认为还没准备好,那就大方地承认自己不行；如果你觉得不舒服，那就直接喊"停"。如果你感觉到了"被迫"或者"勉强"，请一定要坚定地站在自己这边。

5. 学会自嘲。

想谴责自己素质变低了，就提醒自己："每天上班的话，素质低一点是很正常的。"

想责怪自己好懒，就安慰自己："不要因为睡了懒觉就感到自责，因为你起床也创造不了什么价值。"

6. 练习"我认了"。

不找理由，不要说法，不推卸责任，不顾影自怜，不编造故事，不自欺欺人。情况就是这么个情况，我认了；没办法就是没办法，我也认了。

7. 自觉矜贵。

不要因为之前的糟糕经历就对命运失望，不要因为别人嘴里的糟糕评价就对自己失望，不要因为几次已经尘埃落定的糟糕结局就对余生失望，而是要相信：我配得上这世间一切美好。

8. 实在不行就说"算了"。

"算了"这两个字非常管用，就像一道圣旨，能够大赦天下，当然也包括你这个正在逃跑的人。

如此一来，你紧绷的神经就可以放松下来。你对在乎的事还是抱有真挚的期待，但不会对结果有过分的执着。你烦躁的内心也会安宁许多,不是因为烦心事不再发生,而是就算发生也不会让你感到烦恼。

就像是,曾经卡在桥洞下的船队,终于航行到了波澜壮阔的海面上。

愿你能,与自己,和好如初。

08 关于心态：
愿你像烟花般热烈，过噼里啪啦的人生

- 1 -

冰箱塞得满满的，但打开的第一感受是："没什么吃的！"

书柜摆满了书，但站在书柜前的第一感受是："没什么读的！"

衣柜里堆满了衣服，但打开衣柜的第一感受是："没什么穿的！"

手机、电脑里下了一大堆娱乐软件，但解锁的第一感受是："没什么看的！"

丰富多彩的虚拟世界和不愁吃穿的物质生活带给你最大的感受竟然是：乏善可陈。

你对什么都无所谓，做什么都打不起精神，去哪里都觉得没意思，跟谁在一起都觉得无聊。

你活得不快乐、不满足、不舒服、不激动，年纪轻轻就两眼无光，就像烧光了的纸屑，就像快要落山的太阳。

你不再想征服世界，而是变成了逃兵。你既逃避别人递过来的传单，也逃避别人发送的好感，你逃避父母关心的眼光，也逃避生活的围追堵截。你还没来得及好好爱身边的一切，却不得不对一切开炮。

你变得很丧、很佛，每天的精神状态是：疲惫、焦虑、孤独、得过且过。

结果是，生活试图嚼烂你，却发现你入口即化。

- **2** -

刷朋友圈，但凡是刷到有人拍蓝天、花朵、小猫小狗、吃喝拉撒，我都会特意去点个赞。因为这世上无趣的人和事太多了，所以想格外珍惜这些还在热爱生活的朋友。

尤其是当我感觉生活无聊或者压力山大的时候，还会特意去翻一翻这些人分享的快乐日常。感觉就像是，正在走夜路的我，向这些提着灯的路人，借了一点点光。

比如齐姑娘，她有一个特别招人烦的网名——我妈说名字取得长就会有笨蛋跟着念。

但实际上，她并没有那么听妈妈的话，比如妈妈当众对她说："专家都讲过了，女性最佳的生育年龄是 25 岁至 29 岁，你今年都 27 岁了，要抓点儿紧！"

她当众回撑道："我的母亲大人，我想问，这个年龄干什么不是最佳的呢？就算是去捡垃圾，都是又快又多的好吗？"

她特别爱发朋友圈，就算是下班回家或者晚饭下楼散步也会分享,她的朋友圈里也能看到天,看到云,看到大楼的轮廓,看到草木的脉络,看到小猫小狗的爪子……

她文笔几乎没有,但"激动"有很多。不管是跟老板还是跟相亲对象吃饭,吃到好吃的,她就会晒到朋友圈里,还配文说:"这个好吃,真的,你们快尝尝,太好吃啦!"

不管是无意间路过还是专程去哪里玩,看到美景,她也会发朋友圈,然后感慨:"这个地方太美了,大家一定要来看看,实在是太美了!"

刚认识的人大概会觉得她是个话痨,但时间久了,大家会喜欢她对生活发自肺腑的、不加修饰的、毫无表演成分的赞美。

我曾问过她:"为什么那么爱发朋友圈?"

她的回答让我印象很深:"我发朋友圈是给未来的自己看的。我不敢想象,98岁的我躺在摇椅上,翻看这么多年的朋友圈,会有多开心。"

发朋友圈不是为了谁的赞,而是为了分享给未来的自己,为了以后还能知道自己这些年都做了什么,怎么活的,状态如何。这些充满喜怒哀乐的私人瞬间都在提醒着自己:"我这一生,确实是热烈又真诚地活着。"

比如你的房子又破又小,你要做的是精心布置,买一些喜欢的物件,搭配一些温暖的颜色,把每个地方收拾整洁,换上悦目的盆栽,挂上好看的窗帘,铺上舒服的床品,那么它的存在对你来说就不再是折磨,而是享受。

比如你的工资暂时不高,你可以做的是买一些新鲜的食材来做一顿好吃的,去一个不用太费钱的地方散散步、晒晒太阳,换一个发型、涂一次指甲、买一点点化妆品或者一双鞋子,让自己的胃和眼睛都丰富起来,那么就算钱包不富裕,但内心可以很富足。

比如你的朋友不多,你可以给自己写信,养一只呆萌的宠物,培养一个新爱好,追一部新剧,学一门新语言,那么就算独来独往,你照样活得多姿多彩。

活得津津有味的人,即便大龄单身,也是行走的时尚单品。因为生机勃勃比漂亮更养眼,热气腾腾比漂亮话更动人。

怕就怕,你被生活围追堵截,你没有拍案而起,也没有摔门而出,而是蔫儿了,沉默了,认命了。

比如说,你本来觉得单身挺舒服的,但是亲朋好友时不时地说你"年龄不小了""谁谁家的孩子找的女朋友特别漂亮贤惠",明里暗里催你结婚,导致不着急婚恋的你被干扰到了,这种干扰会慢慢腐蚀你对单身生活的满足感。

比如说,你本来觉得自己现在的工作挺顺心的,但是看到朋友圈里的朋友们升职加薪,在大公司步步高升,还有的创业做了老板,你也许会提醒自己:"别人怎么样,关我什么事?"

但是你会下意识地跟他们对比,你会觉得自己能力也不差,凭什么人家的工作更好?

又比如说,你本来对自己的假期很满意的,但是看到朋友晒的旅游美照;你本来对自己的手机挺知足的,但有人在你面前秀他用的最新款。你也许会安慰自己"那不重要",但你会幻想,"如果我也去那里旅游,我也有最新款的手机该多好"。

结果是,在这个吃穿不愁的年代,你被世俗的观念裹挟着,心是浮的,人是躁的。看似什么都不缺,实际上什么都没有;你对自己越来越不满意,对生活越来越没耐心。假如把你漫长的一生剪成两个小时的短视频,别人两秒钟就划走了。

如此说来,"活该"这两个字虽然难听,但确实是大部分裹脚布人生的最佳读后感。

所以我的建议是,要积极地记录生活。一个人如果没有日记本,没有朋友圈,没有社交账号,那和一张废纸被冲进了下水道没什么区别。

要用你自己的方式浪漫你的生活。跟自己约会,给自己买花,为自己准备晚餐和礼物。不是给别人看,只为自己开心。

要兴致盎然地跟这个世界交手过招,做一个永远会为路边的树、天边的云、翻滚的浪、撒娇的猫、新一轮的满月、可口的饭菜、夏夜的晚风、冬天的白雪而欢呼雀跃的人。

要热气腾腾地活着,吃爱吃的食物、买喜欢的东西、穿漂亮的衣服、珍惜爱的人、做喜欢的事……先争取今天快乐,先争取开心地活在当下,先别管这种活法"高不高尚"或者"有没有出息"。

希望你早日明白,真正应该焦虑的,不是孤独,不是没钱,也不是衰老,而是你从来没有按照自己喜欢的方式活过。

想起一个女生的私信："我在这座城市最贵的办公楼里上班，一坐就是一整天，偶尔去找领导签个字，或者去前台取个快递。但下班的时候，我就觉得超级累。我有时候靠'别人会羡慕我'来给自己鼓劲儿，有时候靠'再不好好工作就会被淘汰'来吓唬自己，但并不管用。我不知道为什么特别容易累。"

我很认真地回复道："大概是因为，你感觉不到这份工作的价值，你找不到存在感，这让你觉得无意义，而对抗无意义就是一件很辛苦的事。"

你贱卖一天当中的黄金时间，见的人没有一个是想见的，做的事没有一件是喜欢的，说的话没有一句是真心的，抬头是显示器，低头是键盘，左边是打印机，右边是像自己一样常年见不到自然光、要死不活的盆栽。

你早上匆匆忙忙地赶出门，白天浑浑噩噩地做着事，晚上身心俱疲地离开那栋大楼。一天接着一天，时光飞逝，可你毫无进步，而且越发地确定——我在这里无足轻重。

更糟糕的是，就算你意识到了这一点，你明天依然会准时地出现在这里。最多就是在社交软件上吐槽一句："为什么好好的人要拿去上班啊？"

结果是，支撑你的四大精神支柱变成了：等下班、等周末、等快递、等工资。

与这种"无意义感"一起产生的是超负荷的"情绪劳动",它把你本就不多的成就感消耗殆尽。

比如你是创意人员,面对不懂装懂、不尊重专业的甲方,要付出"诲人不倦的情绪劳动";

比如你是下属,面对因为心情不好而粗暴无礼的上司,要付出"委曲求全的情绪劳动";

比如你是职场老好人,面对拿腔拿调、不愿配合的同事,要付出"强颜欢笑的情绪劳动"。

长时间沉浸在这种无意义感里,你会在不知不觉中失去很多东西。

比如表达欲。以前的你有说不完的话,有分享不完的动态,如今却活得像是一个隐士,八百年都更新不了一条动态,每天最大的感受就是"没什么可说的"。

比如文艺范。以前的你爱诗歌、文学、音乐、电影、旅行,现在只关心"又要加班、考公好难、房东又涨房租了、房贷的压力不小、不想结婚、赚不到钱"。每天就是站着玩手机,坐着玩手机,躺着玩手机。

比如快乐。不能说完全没有,只能说非常稀有。大多数时候就是无聊、疲惫,整个人从里到外都紧绷着。

比如勇气。你怕麻烦,怕孤立,怕误会,怕失望,所以总勉强自己,卖力地伪装自己,别扭地合群。

比如好奇。以前对新事物非常激动,想了解,想尝试,比如做饭、插花、潜水、冲浪,都想试试。但现在只想早点儿下班,然后赶紧回到自己的小世界当井底之蛙。

现代社会给人类的双重惩罚就是，既让我们衰老得更早，又让我们活得更长。以至于每天早上的地铁、公交里，总能看到死气沉沉的年轻人和朝气蓬勃的老年人。

- 4 -

有个老师说过一段让我很震惊的话："讲台下的学生，一届比一届安静。班里的男生，再也不敢追女生。我害怕课堂上的沉默，我宁愿台下的学生活蹦乱跳、站起来顶嘴、大胆地发表漏洞百出的看法，也不愿看到他们安安静静地做笔记，缄默而又淡然，缺乏和他人交流的兴趣。"

结果是，长大成了一件非常扫兴的事，很多的"怎么办"变成了"随便吧"，很多的"怕什么"变成了"算了吧"，很多的"好期待"变成了"也就那么回事"。

糟糕的是，热情一旦用光了，就只剩疲惫和冷漠。

更糟糕的是，心态一旦老了，再健康的生活方式、再昂贵的保健品都救不回来。

那么，热情和心态该如何保鲜呢？这里有8个建议可供参考：

1. 少几次"改天再说"，多一些临时起意。

比如突然想去吃火锅，突然想去郊区搭帐篷，突然想去某地见某人，马上去做。别等来日方长，你要现在就快乐。

当下的快乐才是最应该抓住的，高兴一会儿是一会儿，舒服一会儿是一会儿，激动一会儿是一会儿。毕竟，先苦不一定后甜，先甜就是真甜。

2. 年轻人不能总躺着，得溜达溜达。

多读书，多行路，多经事，多与人相交，多出去走走，别轻易听信别人告诉你的，别让世俗的禁忌阻碍了你的视野，别给自己定太多的条条框框，别过约定俗成的生活。

在长 80 厘米的鱼缸里，有的鱼也能每天游个 800 米。

3. 给自己列一个"愉悦事物清单"。

可以是食物，可以是天气，也可以是一些寻常的小事。比如晚霞漫天、晴空万里，比如肌肤相亲、四目相对，比如养花、撸猫、打球、买菜。

一旦有了喜欢，人就会变得生动起来，会重新长出热情、专注和"谁怕谁"，你会产生很多的创意、好奇和"我乐意"。

我的意思是，你可以不重要，但是你的喜欢非常重要。

4. 在某些方面追求"精致"。

可以是吃的，可以是穿的，可以是住的，可以是用的，可以是读的。对生活有要求的人，才能活出质量。

5. 不要止步于喜欢一个产品。

比如说，喜欢某个电子产品，可以进一步去了解创始人的故事，你会看到他是如何扛住压力或者力排众议的。

喜欢某项运动，可以去了解这项运动的顶尖选手的成绩或者训练方法，你会发现几秒钟的提升竟然如此艰难。

喜欢某部影视剧，可以去了解相关的文学作品，你会发现文字呈现的故事同样精彩，你甚至可能会因此爱上写作。

6. 在要做的事情前边加上一个"大"字。

比如说，"吃个大餐""跑个大步""洗个大澡""睡个大觉""读本大书""搞个大活""写篇大作""化个大妆""看个大展""过个大生日"，然后就会莫名地开心起来。

7. 给自己找点儿"盼头"。

可以是朋友聚会、恋人见面、新剧更新、爱豆的演唱会，可以是外卖、零食、新衣服，也可以是路上的快递、正在修的艺术照。这些人、事、物会提醒你："快了快了，好事即将发生。"

8. 培养随时能哄自己开心的能力。

抑郁了，失败了，被背叛了，被辜负了，可以允许自己低落一阵子，然后换一个角度来提醒自己：正好可以换一个朋友，正好可以换一个恋人，正好可以换一份工作，没有什么是不可替代的。

学会自己找乐子，学会哄自己开心，绝对是这个时代最稀缺的品质，没有之一。

总之，不要成为"除了工作，什么都没有"的人，也不要变成"虽然工作很优秀，假日碰面却很无趣"的人。在成为大人的路上喘口气吧。

- 5 -

上网久了就会有两种错觉：一是"人生道理似乎都被说完了"，二是"人生怎么过也就那么回事"。

于是，大家越活越精明，看淡经历，看轻过程，只看重结果，只想要结论。

大家看不到日出，看不到夕阳，也享受不了当下的普通和空闲。

大家不谈恋爱，不想结婚，不愿意生孩子。因为在经历之前就已经"全都知道"了，然后自以为"看破了"，进而得出了"爱情有个屁用""生孩子就是找罪受"之类的结论。

大家不再相信努力，不相信公平，甚至就连爱情也不相信了，有的只是踌躇不前的沮丧、盲目比较的压力和侍奉权力的疲惫。

大家越活越不新鲜，像行尸走肉一样，对尚未发生的一切都不感兴趣，只是木讷地待在原地，小心翼翼地四处提防，又或者是躲在阴暗的网络里，借着匿名的身份见人就咬。

我想说的是，年纪轻轻的，要么认真学习，要么努力赚钱，要么享受生活，但如果你既没在学习，又没在赚钱，同时还整天不开心，那你到底在干什么？

我的建议是，不要听别人怎么说，不要盯着别人怎么活，要把注意力放在自己身上，要关心自己当下这一刻开不开心、喜不喜欢、舒不舒服、愿不愿意。这些"开心"或者"愿意"会给你无穷的勇气和底气，让你跟混蛋的生活背水一战。反之，如果你心里不爽，而生活又处处刁难，那你的处境就等于是——腹背受敌。

要把生活想象成一幅画，画什么都由你自己决定。要尽可能选择喜欢的风景、好玩的人、有意思的事入画，丑陋的、烦人的、糟心的就别浪费笔墨了。

要把人生想象成一张试卷，答什么也是由你自己决定的。不要总想抄别人的答案，因为每个人的试卷都不相同。

要培养一些具体的爱好，而不是遥远的目标。比如近在眼前的吃喝拉撒玩，比如一觉醒来很清楚今天要做什么，比如下楼吃个早餐，给窗台上的盆栽浇水，追一集刚更新的剧，约老友去吃咕噜咕噜的火锅……这些微小的期待和确定的快乐，能够帮你挡住生活的围追堵截和心狠手辣。

要尽可能多地丰富人生体验。去吃，去喝，去玩，去发疯，去保持天真幼稚，去学习，去竞争，别服输，别怕出糗。你可以放弃挣扎浑浑噩噩地度过每一天，也可以折腾不止，永远带劲地活着。

要尽可能地被什么东西打动。可以是美景、美食、音乐、电影、诗歌、小说、萌宠、绿植、某个人、某个爱好……人如果不能被打动，和死了没区别。

不要忽略近在眼前的美好，不要介意无关人等的评价，不要躲着必须解决的问题，总是逃避的话，眼神会先于生命失去光彩。

不要回应恶意，不要共情负面，不要纠缠过往，生而为人，你不应该是灰蒙蒙的。

不祝你天生丽质，不祝你天赋过人，不祝你生来勇敢，也不祝你乖巧懂事，只祝你的生活有足够多的精彩留白，祝你能把世俗的眼光一裁再裁，祝你在汹涌的人海里活得尽兴又开怀。愿你像烟花般热烈，过噼里啪啦的人生。

09 关于友情变淡：
人生南北多歧路，君向潇湘我向秦

- 1 -

小时候的友情是，吃完饭，我就来找你玩；长大后的友情是，改天再约吧，我这周有事儿。

小时候的关系是，吵架一分钟，转身就和好；长大后的关系是，不知不觉中，我们就走散了。

小时候唱的是，敬个礼呀握握手，你是我的好朋友；长大后唱的是，来年陌生的，是昨日最亲的某某。

结果是，以前一天见三面，现在一面约三年。

- 2 -

想起两条私信，都是关于"友情变淡"的。

一位小姑娘说："我突然发现，我跟我最好的朋友关系变了。我一直以为我们会是一辈子的好朋友，是那种'新郎未知，但伴娘已定'的关系。直到昨天，我看到她发了一条动态，她说她失恋了，心情很糟糕，但还好有最好的朋友在身边安慰她。我就觉得好难过，她失恋了，我一无所知。更难过的是，她最好的朋友不是我。可能，一直都不是我。"

另一条是一位中年奶爸发的，他说他翻相册的时候，想起了小时候天天一起玩的朋友，就给对方发了一条微信："在吗，好久不见，最近忙什么呢？"

过了半个多小时，对方终于回消息了，而且一连发了好几条。开始是寒暄，然后强调最近的压力，说自己也手头紧，说父亲刚做完手术，说每个月的房贷挺高的，说两个孩子都在上补习班……

男人蒙了，但很快就明白了，于是赶紧解释说："我不是找你借钱的，就是回老家了，突然想起你了。"

对方如释重负，语气也变了好多，微信里说"确实是好久不见了"，最后一句是"改天一起吃个饭吧"。

然后，他们俩的对话就潦草地结束了。

和好朋友渐行渐远是什么感觉？

就是在热闹的街头突然想起他了，或者在过节的时候想给对方发点儿什么，但敲出来的文字删了又改，最后什么都没发出去。

就是在好久不见的同学会上，你和他简单地打了个招呼，突然有人冲你们喊："我记得你俩当年可好啦！"然后，你们尴尬地笑着说："对啊，我们当年可好啦。"

就是家里人突然问你："那个谁谁最近怎么样了？"你只能支支吾吾地说："啊……我也不太清楚。"

就是跟人提起他的时候，以前总是习惯说"我闺密或我兄弟"，现在提到了只能说"我以前的同学"。

就是好久没有听到那个人的动态了，想了解他最近过得怎么样，可点开他的社交软件，看到的合影都是你不认识的人、你不熟悉的地方，那张曾经熟悉的笑脸如今看起来也非常陌生。

曾经无话不说的闺密或兄弟，渐渐变成了生命中的过客或最熟悉的陌生人，变成了相册里褪色的老照片或记忆模糊的脸，变成了微信里轻描淡写的几句对白：

"你最近过得怎么样？"

"还行。"

然后，就没有然后了。

好朋友为什么会渐行渐远？

因为你比他过得好了，因为你比他过得差了，因为你们在现实中玩不到一块儿了，因为你们在灵魂层面聊不到一块儿了。

因为渐老的岁月和渐远的三观，因为缺席了太多彼此需要的时刻，因为其中一方慢慢意识到这段关系的维持全靠自己的一厢情愿。

因为每次见面都只是叙旧，说多了就没意思了；因为很多人的出现不是你选的，而是被动和对方出现在同一时间、同一地点；因为你们本来就不一样，出身、性格、兴趣、梦想；因为太忙了，根本就没有富余的精力来维系这段关系了。

因为你们都在成长，面临的事和人天差地别，你们的目的地不同，能力不同级，时间不同步，感受不同频，生活的圈子和每天接触的人也性质不一样。

因为你们本来就不一样。有时候是"这件事我都不在意，你为什么在意"，有时候是"我认为这没什么，没想到你想那么多"。

因为无法从对方那里获得哪怕一丁点儿的"你还挺懂我的"共鸣感，因为不能产生"我们一起去做点儿什么"的想法。

因为几次放鸽子，因为说错了一句话，因为一个小忙没能帮上，因为各自去了不同的城市发展，因为好忙，因为各有各的生活，因为各自都有了新朋友……

替所有人向所有人提个醒：如果有一天，我们再见面，你问我"最近好吗"，如果我说"挺好的"，请你记得，多问几遍。

- 3 -

看过一个故事，我难过了好久。

说有两个和尚住在山谷的两侧，中间有一条小溪。每隔几天，两个和尚就会在同一时间到山底的溪边挑水。久而久之，他们成了朋友。5年之后的某一天，甲和尚照常来挑水，发现乙和尚没来。持续了半个月没见着面，甲和尚担心乙和尚出了什么事，就急匆匆地去看望乙和尚。到了乙和尚的庙里才发现，乙和尚正在和别人一起练拳。

甲和尚说："我好久没看见你去挑水，以为你生病了呢。"

乙和尚说:"我没事,你看那边。"

甲和尚顺着乙和尚的手指看过去,是一口水井。

乙和尚得意地说:"我一有空就去挖井,半个月前,水井终于有水了。我不用再下山挑水了,我终于有时间练我最喜欢的太极拳了。"

我难过的是,我每天想着跟你讲我这座庙里的猫生崽了,树叶黄了,新种的番茄很甜,而你每天想的是新学的太极拳招式。

我每天盼着挑水的时间跟你见面,而你每天盼着的是"什么时候才能不来这里挑水"。

我分享了我全部的秘密,而你连挖井这么重要的事都不跟我说。

我想要的是当一个天天爬山、挑水、念经的普普通通的和尚,而你想要的竟然是一口井。

我更难过的是,我没有资格怪你,因为你确实没有义务跟我分享你的全部,你喜欢太极拳很正常,你想挖一口井也是很正确的选择。只是我单方面地误以为你也喜欢跟我见面聊天,你也享受在山底挑水的畅意,你也盼着跟我见面,你也把我当成你最好的朋友。

我最难过的,是我突然意识到,我们从来就不是朋友,只是人生中因机缘巧合一起走了一段路而已。

友情里最残忍的事实莫过于,在你认为是朋友的人里,至少有一半的人并不把你当朋友。

后来,我认识了两个词,就慢慢释怀了好多:一个是"阶段性友谊",一个是"假性亲密关系"。

所谓"阶段性友谊",是指对方只是需要一个人陪,需要一个"情绪垃圾桶",而你是他眼下的一个"还不错"的选项,因为你离得近,因为你很好说话……所以他以朋友的名义与你结交,一旦不需要你了,就会迅速地离场。

所谓"假性亲密关系",是指当你停止了主动,这段关系就结束了。就像智能语音,它有问必答,且很有礼貌,但它不会主动发起聊天,跟你也没有任何感情。

就像你身边的同学、同事、饭友,很多就只是一起放学回家、一起上厕所、一起去自习、一起逛街、一起吃饭的"熟人"而已。

不过是"厕所之友",下课了,明明其中一人不尿急,却可以忍受厕所的脏乱差,陪对方去上厕所。然后你们手挽手,踏着上课的铃声,趾高气扬地往教室走。

不过是"饭友",到了吃饭时间,不管自己饿不饿,都会等着对方一起去吃饭。然后给对方占位置,交换食物,闲聊同学或同事的八卦,吐槽老师或老板的不近人情。

不过是"点赞之交",就是那种不管对方发什么,先点赞再说。不关心对方为什么这么发,也不在乎对方是抱着什么心情发的,反正就是顺手点个赞。

相逢的意义就是互相照亮,分开了,要么是独自走夜路,要么换一个人互相照亮,你不能要求一盏灯一直跟着你。

换言之,任何人,在任何时间分道扬镳,都很正常。这人间本就是混沌局，谁也不多余，谁也不必需。

你只需记住，一个真心的朋友远胜千千万万个泛泛之交。

如何判断一个朋友是不是真心的朋友呢？

你就看：谁在没有人信你的时候依然力挺你，谁在你失败后依然与你并肩同行，谁在你不在场的情况下依然为你辩护，谁在你普通的外表和平凡的身份中还能看到你身上的光，谁希望你获得更多而不是希望从你身上获得更多，谁把你的野心或者梦想当成必然会成功的故事，谁真心盼着你好却不担心你比他过得好。

- 4 -

关于友情，有两组非常清醒的对话。

一组是两姐妹在临别之际说的。

A："就算我们暂时分开，我们也永远都是好朋友。"

B："分开后的第一周，我们可能还会挤出时间，周末一起喝咖啡。但过了几周，你就有别的事情不来，我也有事情不来。然后接下来的几十年，我们都不会再见面了。"

第二组是两兄弟在晒太阳的时候闲聊的。

A："我是你最好的朋友吗？"

B："现在是。但曾经不是，将来也无法保证是。"

A："如果有一天，我们没有那么好了，甚至是无法沟通了，你会跟我绝交吗？"

B："会。"

A："如果真有那么一天，我会很难过。"

B："我不会太难过，我希望你也不要，因为我们不可避免会遇到下一个更聊得来的朋友。到那时，你不用费尽心思地讨好我以维持这段友谊，我也不会绞尽脑汁地迎合你来拯救这份友情。我们不必在一段关系里委屈自己，我们就跟每个阶段的好朋友好好相处，这就够了。"

祝我们都有一份看不到尽头的友谊，如果不行，那就提醒自己：所有拥有，都是暂时；所有失去，都是归还。

既然是故事，就难免有结局。跟这个人的戏杀青了，跟那个人的戏又要开始了。

人这一生，不过是迎来送往，而已。

不必纠结于"他怎么突然就对我没空了呢？""他为什么听到我的喜讯不开心呢？""以前可以聊通宵的人现在怎么无话可讲了呢？""以前天天黏在一起的人怎么突然就约不到了呢？""我做错了什么吗？"……

既不是因为你变势利了，也不是因为他变薄情了，这是很正常的"自然现象"，就像春天会替代冬天，就像新芽会替代老叶。

既然各自都有了新生活、新同伴，就别再妄图维持"你尿急，我也尿急"的那种友谊了。

还是那句话：时过境迁却还要求你们的关系一如从前，这和刻舟求剑有什么分别？

如果，我是说如果。

如果两个人在决裂之后都有了更好的人生，那么"还有没有联系，还是不是朋友"，就都没那么重要了。

对待友情最好的心态是：彼此在意，但各自随意。放弃所有权，享受使用权。

- 5 -

有的人虽然相见恨晚，却能幸运地成为一辈子的朋友；有的人虽然多年未见，但再见时还能回到最初的感觉；有的人虽然分隔两地，却还活跃在对方的生活里；而有的人，很可能你们已经见过了这辈子的最后一面。

是你不想要这个好朋友了吗？
当然不是。
那你对好朋友的渐行渐远就一点儿责任都没有吗？
当然也不是。

聊天的话题为什么总是围绕你自己？
你一有事情就找朋友倾诉，为什么朋友找你倾诉时，你那么不耐烦？
你吐槽成年人的友情都很功利，你有问过自己，你是一个合格的朋友吗？

你抱怨旧朋友都渐行渐远，你有反思过自己，你还有趣吗？

你觉得朋友不关心你，你有关心过他吗？你怪朋友不跟你分享近况，你有主动发消息去问候他的近况吗？

没有，你只会在自己感到孤独、偶尔想起的时候，假模假式地问候一下，以展示你是个重感情的人。看到对方的反应没有你预期的那么强烈，你就把"关系变淡"的责任全推到对方身上。

你只记得自己发出去却没收到回复的那条评论，却记不住自己收到了但没有回复的评论。

你只记得自己主动问候却遭到冷落的那句祝福，却不记得你收到关心却很敷衍的那句回复。

关于友情，我想提 8 个醒：

1. 朋友的朋友不一定是你的朋友，朋友的敌人也不应该是你的敌人。

2. 交朋友一定是为了开心，而不是为了救苦救难。

3. 看法一致并不是友谊长存的必要条件，相互关心和祝福才是。

4. 袒露心声是一件特别冒险的事，相当于亲手递给对方一把刀，又同时在心里默默祈祷对方能够手下留情。所以不要追求"互相坦诚"。尤其是人性上的弱点，你以为对方是朋友就会谅解你、包容你，但也极有可能会因此否定你、轻视你，甚至在翻脸之后攻击你。

5. 暂时没有共同话题很正常，感情有起伏也很正常。今年跟你疏远点儿，明年和他热络点儿，但只要彼此没有恶意，并且还能互相关心，这就够了。

6. 就算是最好的朋友，大多数情况下都会优先考虑他自己。

7. 无论你们的关系在此刻多么亲密，任何人都可能突然改变。

最重要的是 8：交到朋友最重要的方法是，你自己要够朋友。

- 6 -

很多人都没有意识到，"常联系"其实是一件非常困难的事情。

因为一天只有 24 个小时，而人的体力、精力都是有限的，当你到了一个新地方、新环境，你会认识新朋友，会发生新故事，光是去维护新生活就够你忙碌的了，更别说还要去维系老朋友。

久而久之，你和某某的关系就会从每天一聊变成每周一聊，最后成为通讯录里偶尔会说"有空约一下"但实际上再也不会见面的名字。

是的，朋友是有保质期的。往日的推心置腹随着时过境迁都一去不返，曾经的相谈甚欢也早已变成了如今的两两无言。

再回到认识的起点，你们在某个场合，连续几天或者几个月有了交集，你和他快速地亲密起来，加上聊得来，性格上又兼容，你们很快就腻歪起来，甚至产生了"这个人是我最好的朋友"之类的结论。

但后来，也许是哪句话没讲清楚，或者是"你觉得我的做法辜负你的好意，我觉得你的态度让人寒心"，又或者是"各有各的前程要奔赴"，你们分开了。你原本以为"这辈子都不会分开"的朋友瞬间就变得可有可无了，甚至慢慢都想不起他的名字了。

有可能是，你们从一开始就并不是真的合得来，只是因为你们最好的朋友都不在身边，而对方只是一个还不错的替代品。

还有可能是，在那个特定的环境里，你们只是被动成为朋友的，你们在那个地方好得要命，但其实各回各家之后根本就没什么可聊的。

但需要承认的是，当初想做一辈子的朋友是真的，不舍得变成陌生人是真的，对这段关系的结局无能为力也是真的。

所以，不要凭你的一己之力强行维系一段渐行渐远的友谊，它的衰败恰好证明了你们之间有着不可调和的矛盾。

与其等最后互相泼狗血、撕破脸再分开，"渐行渐远"反倒是两个人都能接受的"好事"，因为尚未产生恨，因为留住了体面。

也不要因为失去一个旧日好友就耿耿于怀，你弄丢了一些人，也会再遇到一些人；有的人会主动离开你，你也会主动离开一些人。他们做出了他们的选择，你也做出了你的选择。大家都没错。

这些相遇和别离都是成长的一部分，它预示着：你的生活又刷新了一次。

你只需记住，人和人之间有几个瞬间就足够了。比如，压力巨大时的鼓励，一时失利后的宽慰，节日里的互相祝福，生日时的大肆庆祝，假期里一起出游，吵架后的相视一笑，被别人误会了唯独他还坚信……

对漫长的一生来说，大部分时间都像荒野，一切都暗淡无光，唯有这些瞬间还在闪耀，宣告有份情谊当时在场。

其实吧，有些告别就是不告而别，有些再见就是再也不见，释怀不是人生的必修课，带着遗憾继续往前走才是。

10 关于恋爱：
在这路遥马急的人间，做个为爱冲锋的勇士

- 1 -

为什么很多人害怕谈恋爱？大概是因为：怕遇到的不是那个对的人，怕自己不会经营一段感情，怕受伤，怕争吵，怕失去，怕遗憾，怕被糊弄，怕对方不是真的喜欢自己，怕对方只是偶尔的好奇。

怕被忽视，怕被轻拿重放，怕冷战，怕异地，怕不能天长地久，怕熟悉了又变陌生，怕本可以长久的朋友变成老死不相往来的陌生人，怕这世上没有永垂不朽。

怕自己不够好，怕自己配不上对方的好，怕辜负了对方的期待，怕给不了对方更好的生活。

怕曾经的痛苦经历再来一回，怕父母之间的争吵发生在自己和那个人身上，怕自己没完没了地依赖、猜忌，怕对方没完没了地干涉、打击。

怕付出了没有回报，怕坚持了没有尊严，怕憧憬了但落差太大。

结果是，当幸福来敲门，你说："放门口吧。"

- 2 -

有个未经证实的统计，说"30 岁之前开始的恋爱 99% 以分手结束"。如果这是手术的失败率，应该没有人会冒这个险。可这是"爱情"，所以有那么多人，那么莽撞地"躺在手术台上"，想着"没准儿这回我不会死"。

怕就怕，你因为被人伤害过，就怀疑自己配不上任何美好的事物。你不敢动心，不敢主动，不敢触碰，你怕那些独自闷在被子里的夜晚，那些双目无神地抬头望天的时刻，那些红着眼睛长吁短叹的日子，会再来一遍。

怕就怕，你过于痴迷影视剧里爱情的浪漫，过度憧憬爱情的完美，以至于越来越不满意现实中的那位。你太过于看重爱情，以至于你喜欢"爱情"这个概念胜过了与你交往的那位。

怕就怕，你什么都渴望，却又什么都畏惧。家里介绍的不想看，朋友不介绍，自己接触不到异性。你不出门，不社交，不私聊，仿佛在等一场"入室抢劫"的爱情。

于是，你处处小心、时时提防，以为自己摸清爱情的雷区，就能避免受伤。可结果却是：既相处得不舒服，也爱得没意思。

因为你的恋爱只有理性，没有感情；只有说明书式的"条件般不般配"，没有亲身经历的"灵魂共不共振"；只有功利的计算和刻意的表演，没有全情的投入和真正的心动。

我想提醒你的是，爱情没有上上签，也从来都不保甜。如果为了爱而弄丢自己，那人生未免太过辛苦。但如果因为怕伤害就拒绝爱，那人生又未免有太多遗憾。

既然是爱情，就难免会出现敏感、多疑、占有欲、吃醋、黏人、莫名其妙，也难免会出现害怕、犹疑、畏惧、患得患失……这都是很正常的，不要粗暴地一概而论，然后指责对方"不值得爱"或者"不够爱"，然后心口不一地说"随便吧"或者"烦死了"。

如果每段感情都是"不放心，不开心，不甘心"，满脑子都是"难道是？为什么？凭什么？"，那么你的爱情之路注定是颗粒无收的。

人跟人之间的心动，就像连蒙带猜的考试，你不知道怎么就考上了。不要想着"等我准备万全了再考"，你得明白"这试卷毫无规律可言"。

在谈恋爱这件事上，我的建议一直都是：喜欢谁就去表白，闹矛盾了就去沟通。

如果你的想法是：首先要遇到那个可以一辈子不离不弃的人，然后才敢和他谈恋爱。那么你就要反问自己：一个人能不能与自己一辈子不离不弃，这件事只有到死的那天才有答案。在开始的时候，你要怎么判断？

如果你的想法是：一定要等自己或者对方是最好的自己时，才去谈恋爱。那么你也要想一想：没谈过恋爱，怎么知道什么是"最好的自己"？为什么不能选择一起慢慢变好呢？

所以，在这个早就不流行祝人脱单的时代，我还是要祝你恋爱——既祝你有人可爱，又祝你值得被爱。

不要怕相爱，也不要怕忘掉。

与其提防着、孤独着、遗憾着、纠结着，不如清醒地联起手来向这个快餐爱情横行的年代宣战：要拒绝诱惑，要停止猜忌，要放弃改造，要变得坚定，要在这路遥马急的人间，做个为爱冲锋的勇士。

- 3 -

荟姑娘给我发视频，一开口就是："老杨啊，真的不想再谈恋爱了，太累了，一吵架，他就跟我讲道理，你说男生谈个恋爱，怎么那么喜欢讲道理？"

我回："讲讲前因后果，让我开心一下。"

她叹了一口气说："其实也不是具体哪一件事，就是平时，不管我跟他抱怨哪个人、哪件事，或者说我跟他吵起来了，他都是大段大段的'因为……所以……'，然后给出建议一二三四。我不需要这些大道理，真的很讨厌。"

我问："那吵架的时候，你需要什么？"

她说："哄我两句就好了！"

我笑着问她:"你真的是那种两句话就能哄好的人吗?你确定?"

她被我问蒙了:"啊?"

我说:"有没有可能是,他哄了你两句、三句、四句、五句,你就反问他:'那你说说自己错哪儿了?'接着,他需要做出一番惊天地、泣鬼神的忏悔。比如,我态度不好,我关心你太少了,我不理解你,我不够大方……"

她咯咯地笑,然后点了点头。

我又接着说:"这还没完,你可能会接着问:'那下次再惹我生气该怎么办?'他就需要'割地、赔款,并签订一系列丧权辱国的不平等条约',包括但不限于赔笑脸、送包包、请吃大餐、不打游戏、陪你逛街、下楼取快递……"

她笑得更大声了。

我说:"所以你看,哄你两句,对他来说,代价如此沉重。与其哄你,不如讲理。"

恋爱最怕坏逻辑。"他不哄我,一定是不爱我了""他不迁就我,一定是变心了"。

照此逻辑,你不跟他讲道理,是不是也是不爱他了?

既然你觉得"低头认错、道歉哄人"能快速地解决问题,那你为什么不用?你为什么不在吵架时主动认错、服软,用甜言蜜语去哄对方开心?

你可能会说"因为我咽不下这口气"。可能在你看来,"明明都是他的错，为什么要我认错"或者是"如果连我的这点小脾气都无法包容，那他凭什么说爱我"。

如果我问："怎么会全是他的错呢？"

你可能会辩解说："我不喜欢跟人讲道理，就算并非全是他的错，就算两个人都有不对的地方，他也理应包容我。"

在你看来，"我们是在谈恋爱，不是在辩论赛"，"如果他无法容忍我的任性，那他就不值得托付终身"。

那么问题来了，你觉得"我是个公主，他就应该让着我"。他又何尝不觉得"我是个王子，我从小到大都没受过这种气"呢？

没有人喜欢被强迫，没有人喜欢被摁着脑袋认错。你每一次用发飙来逼着对方屈服，逼着对方包容你的错误，甚至是逼着一个自认为没错的人来哄你。在你看来，这能证明他对你的爱，但在他看来，这消磨了他对你的爱。

我的意思是，你不喜欢做的事情，也不要逼别人做。

我们都没有上帝视角，遇到问题一定要及时沟通。

怕就怕，两个人都等着对方道歉，都不想低头，都不习惯把话说开；都宁愿在背地里给对方记小账，无限妖魔化对方；都痴迷于当原告去控诉被告，接着当法官去判对方全责。

但我想提醒你的是，放弃沟通，从某种程度来讲，就是在放弃对方。

真相是，误会不会把人分开，沉默才会。

所以我的建议是，不要用沉默去制裁对方，不要等对方猜自己的心思，要学会把话说开。

它意味着，你既要把自己为什么这么觉得、为什么生气、为什么介意、为什么不喜欢，心平气和地告诉对方；又要耐心听对方解释，试着理解他为什么那么想、为什么那么做、为什么那么说，进而找出你们吵架的根本原因，到底是因为误会？因为偏见？还是因为态度？

把话说开的目的是"袒露心声"，而不是"比谁更不怕分开"；是交换观点，而不是追求"谁说了算"；是为了看到"原来你是这样，而我是那样"，而不是为了"你应该跟我一样"。

- 4 -

喜欢一个人最大的诚意是什么？

是在这个遍地都是套路和敷衍的世界里，我愿意拿出全部的真心用在你身上，即便我要承担不被你珍惜、不被你善待的后果。

是我保证，和你在一起的时候，我的心里不会有别人。但如果有一天，我们不能在一起了，我也保证，我的心里不再有你。

可现实中，我们总是忘记要先把情绪安顿好，再跟对方沟通和解决问题；我们总是喜欢讲大人才爱听的道理，却忽视了对方心里的小孩子需要的是温柔。

结果是，明明相爱的人却在相互伤害，然后，两个人频繁地生气、冷战、吵架。

为什么会这样？原因常常有3个：

1. 都觉着自己"亏大了"。

谈恋爱就像合伙做生意。你觉得一天应该赚100元，如果只赚了50元，你大概率是不会跟人吵的，因为只是收益没那么高而已。

但是，如果你每天不仅没赚钱，还要赔进去50元，那迟早会吵起来，因为在你看来，两个人合伙还不如自己摆摊，至少不赔钱。

人都是这个德行，只要利益受损，就会忙不迭地跟对方争辩。

那到底是谁亏了呢？其实是都亏了。

你们付出了时间、信任、期待，但收获的只有"我对你太失望了""我一看到你就烦""你那么大声干吗""我真的受够了"。

2. 都想把对方改成自己的"理想型"。

改变对方的手段包括但不限于：实施冷暴力，用别人的优点去指责对方的缺点，怒斥对方，频繁地表达"我对你很失望"，以及从生活的细枝末节里找证据让对方感到愧疚……

再配合怨气满满的狠话："你看看别人，你再看看你。""你总是不在乎我的感受，你有把我当个人吗？""如果你再这样，我们只能分手了……"

于是，很多人穷其一生都在为改造出一个理想的伴侣而努力奋斗（吵个没完）。

3. 男生和女生本就不是一个"物种"。

男生想的是："为什么你总是无视我说的话？""我都在重点词句上提高了音量，你怎么听不懂呢？""你怎么可以这么不讲理？""我怎么讲道理你都不听，你就是想跟我吵架。"

女生想的是："要说话也得好好说，你这是什么态度？""你那么大声音干吗？你再凶我试试？""你这是商量事的态度吗？""月亮不圆我都能生气，你竟然还跟我讲道理？"

也就是说，爱一个人不难，难的是在鸡零狗碎的生活中，包容和接受另一个人的参与。

与其幻想"相爱的人怎样才能不吵架"，不如想一想"相爱的人如何有效地吵架"。有 6 个方法可供参考：

1. 要跟自己核对一下"我到底是因为什么生气"。

是人格、爱好、职业、社交、独立空间没有被尊重？是优点、积极的情绪、个人的喜好没有被关注？是缺点、负面情绪、糟糕的家人没有被接纳？是陪伴、安慰的需求没有被满足？是承诺没有兑现？

然后，你才能抓住重点，在接下来的吵架中和对方一起解决问题。

2. 要沟通，沟通其实包括两个方面：一是表达，二是倾听。

所谓"表达"就是，你能不能把自己的需求讲清楚，用对方能听明白的方式表达出来，并且主动去争取对方的理解与支持。

所谓"倾听"就是，对方有了不同的想法，你能不能冷静地听完解释，并试图去理解他为什么会这么想。

3. 要直截了当，不要拐弯抹角。

你要明白，恋爱中人都是笨蛋，即便是爱因斯坦或者弗洛伊德，看着沉默不语的你，他们也不知道你想干吗。所以，有什么事情就用嘴说，而不是哼唧、翻白眼、甩脸子。

4. 察觉对方有了服软的态度，就要给个台阶下。

"看在你长得这么帅的分上，你给我按摩 5 分钟，我就不生气了。"

"看在你做饭那么好吃的分上，你给我做一顿红烧肉，我就不生气了。"

"唉，还是不太高兴，但如果睡前给我讲小兔子小狐狸的故事，我就会高兴一点点。"

给对方台阶，就是给自己台阶，也是给你们的爱情一个台阶。

5. 要勤讲情话，不要故作矜持。

不表达是会积累陌生感的。所以，说出"我喜欢你""我好喜欢你""我超喜欢你"，说出"我想你了""我又想你了""我真的好想你"，说出"要亲亲""要抱抱"。

所谓爱情，就是不停地往火里添柴。

6. 要多见面，没机会就创造机会，没时间就挤时间。

切记，想念是无法降解的塑料，见面是枯木逢春的解药。

- 5 -

我知道，这个年纪的你，内心很酷，浑身散发着一种"即便明天别人从我的生活中抽身而去，我也能全身而退"的感觉。

我明白，你只想"被爱"，不想被伤害。就像你想要没有糖的可乐、没有酒精的啤酒，你只想获得好处，却不愿意承担风险。

我承认，谈恋爱是一件很麻烦的事情。主动就说你渣，不主动就说你不识抬举，迎合就说你是舔狗，不迎合就说你装。

于是，有人得意扬扬地说："我一个人吃饭，睡觉，看书，逛街，不需要顾及别人的感受，不需要被谁限制自由，饿了可以叫上三五好友去撸串，闷了可以开启一个人说走就走的旅行，懒了可以在床上蜗居追剧一整天，这样自由自在的生活，我为什么要谈恋爱？"

我想说的是，你当然可以一个人做饭、吃饭，但如果有一个喜欢的人在旁边夸你做得很赞，那么这顿饭不仅能喂饱你的胃，还能喂饱你的灵魂。

你当然可以独自一人度过一整天，如果有一个喜欢的人陪在身边，那么这一天的每一件事、遇到的每一个人都是在发光的。

你当然可以单枪匹马地走进这风雨江湖里，但如果有一个喜欢的人和你并肩，那么即便是在江湖漂泊，也可以随遇而安。

当你遇到了那个心动的人，你才能明白爱情是多么地不可思议。

因为这个人的出现，能让你欢欣雀跃地飞奔千里去见上一面，能让你抓心挠肝地在路口踮脚张望，能让你有勇气在余生只对着同一张脸，能让你忍不住地撒娇、想笑、犯傻，能让你因为他的一句话就在心里放一整天的烟花，能让你因为他的一个眼神就乐得屁颠屁颠的，能让你在觉得辛苦的时候因为想起了他的脸而瞬间充满力量，能让你在快要败给其他诱惑的时候因为想起他的好而变得更坚定，能让你因为这个人的存在而觉得不虚人间此行。

所以，不要因为想谈恋爱而去谈恋爱，要因为喜欢。就是遇到了，心动了，没办法停下来；就是想好了，在一起了，想方设法地还要在一起；就是你所有的"想一出是一出"，都能被他稳稳地接住；就是"斯人若彩虹，遇上方知有"。

关于谈恋爱，我还要提 5 个醒：

1. 不要总盯着遇见他之后自己亏了什么，也可以想想他遇见你之后遭受的"无妄之灾"。

比如你在厨房里手忙脚乱，喊他帮忙递一下纸巾，他问你："纸巾在哪儿？"

你心情好的时候会说："呆呆傻傻的，什么都不知道，这笨蛋可爱死了。"

可当你心情不好的时候,你可能会冲着他吼:"在我脑袋上!在电饭锅里!你去翻啊!"

2. 你可以是个主动表达爱的人,但不要勉强对方也必须这样。

原生家庭很温馨的人,可以很轻松地做到不带怨气地表达自己的需要,被拒绝了也不会羞耻或者愤怒。但对于原生家庭很糟糕的人来说,在他的成长环境中,批评、指责是张口就来,说"我爱你""我需要你"的时候,就像是被人扼住了喉咙。

3. 少看关于爱情的分析,多问问自己内心的感受。

"早安"和"晚安"各有什么言外之意?下班后的"在吗""去看电影吗"都有什么企图?有没有在吃饭的时候帮我挪椅子?有没有在上下车的时候给我开车门?记不记得我喜欢的菜品、饮品或者电影类型?

这些没那么要紧,真正要紧的是:你喜不喜欢跟他在一起时的自己。

4. 要有自己的生活,不能一天到晚围着恋人打转。

男女之间保持吸引力的关键,不是一天到晚腻歪在一起,而是各有各的事情要做。

谈恋爱嘛,当然是想谈的时候谈,但没必要天天谈,天天谈那不是上班吗?

5. 不要想太多,也不必想太远。

人怎么活都会老、会死，筵席再盛大也总是要散，与其为结局担惊受怕，不如用最真的心和最大的努力来享受在一起的每分每秒。

其实吧，人与人在相遇时，缘分就已经用完了，往后能走多远，全靠人为。

11 关于父母：
孩子的不凡，来自父母的不厌其烦

- 1 -

知乎上有个提问："都说寒门难再出贵子，那普通家庭的父母，能为孩子做什么呢？"

最高赞的回答是："一个正常的、温馨的、宽松的童年，其实是你能给孩子的最珍贵的礼物。"

比如说：

多带孩子吃点儿好吃的，如果可以，多给他们做点儿好吃的；

多陪孩子打打游戏，如果可以，多让他们赢几次；

多了解孩子正在追的明星或影视剧，而不是排斥或者嘲讽他们的喜好；

多带孩子去远方，如果条件有限，多陪他们在家附近走走；

多跟孩子探讨周围的人、事、物，用交换意见的方式，而不是单方面的言之凿凿；

多陪他们聊他们感兴趣的天，而不是只讲正确的大道理；

多鼓励孩子，而不是打击、忽略、轻视；

多站在孩子的立场考虑问题，而不是以过来人的身份自居；

多用孩子的视角来看待问题，而不是居高临下地审判；

多在孩子的内心储存美好的体验,用以抵御人生的风雨,而不是用让孩子受尽苦头的方式来提升所谓的抗挫力;

多用孩子觉得好的方式去爱他们,而不是用父母觉得好的方式去爱他们。

是的,孩子的不凡,来自父母的不厌其烦。

事实上,并不是坚强的人就会独立,而是被好好爱过的人才会独立。

孩子在童年时"如何被父母爱",为他们将来"如何爱自己"和"如何爱别人"设定了模板。

再直白一点儿的说法是,只有吃过糖的孩子才知道甜的滋味,只有从小幸福过的孩子长大了才有幸福的能力。

- 2 -

有的人回家过年,就需要看一次心理医生。而有的人回家过年,就相当于看了一次心理医生。

娟子属于后者。上学的时候,她的数学很差,最糟糕的一次只得了 16 分,全校倒数第一。老师被气炸了,冲着她吼:"闭着眼睛答,也不是这么点分数啊!"说完还请了家长,她以为那个晚上会挨训,但爸爸妈妈接她放学之后,照常带她去上了画画课。妈妈像往常一样夸了她那幅画的构图,爸爸像往常一样提了一点点专业的建议。

也就是说，那次倒数第一丝毫没有影响到他们的亲密无间，也丝毫没有影响到她做别的事情的信心。

她曾问过爸爸："你当年是学霸，真的不对我的表现失望吗？"

她爸爸乐呵呵地说："不失望，骄傲着呢。你画的画，全校都有名；你拍的照片，转发量都过千了。你擅长的地方在别处，只是暂时屏蔽了课本上的知识而已。"

她也问过妈妈："我次次考得那么差，你们真的不生气吗？"

她妈妈的回答能让她记一辈子："不生气啊，你只是做错题，又不是做错人；你只是学渣，又不是人渣；你只是榜上无名，又不是脚下无路。"

后来去外地工作，有个烦人的亲戚在过年的时候当众催婚。

她对娟子说："你都快30岁的人了，就别挑三拣四了，要不大姑给你介绍一个，岁数是大了点儿，但至少四肢健全。"

娟子气得牙痒痒，可还没等她发作，她的妈妈就站了出来："她大姑，您知道您闺女为什么过年不爱回家吗？您闺女都跟我讲了，说实在不想看到您，说在您的眼里，无论她混得多好，都像是一头母猪，您只关心两件事：是不是胖了，有没有公猪配。我闺女什么时候嫁人是她的事，用不着您来操心。"

还有一次是娟子辞职，那个烦人的亲戚竟然在亲戚群里"关心"她："你怎么这么不懂事呢？现在工作这么难找，你还以为你是个孩子呢？"

娟子没理她,直接把她踢出了群聊。另一个亲戚出来打圆场:"别这样,都是亲戚,在群里聊聊家常,别闹得太僵。"说完又把那个人拽了回来。

结果那个烦人的亲戚又阴阳怪气地说了一大堆:"真厉害呀,一点儿面子不给,一句话都说不得了!""我是关心你,你听不出来吗?""跟三岁小孩似的,说两句就翻脸。"

娟子还是没理她,结果那个人补了一句:"这么有能耐,把我们这些亲戚都踢了吧。"

娟子马上回复道:"真是个好主意。"说完就解散了那个群。

10秒钟后,娟子的妈妈给她发了一长串的大拇指表情包,爸爸则发了一个超大的红包,备注是:"唯愿我儿愚且鲁,无灾无难,大把闲情。"

人在落寞的时候,脑子会不由自主地蹦出一句"想回家"。但这个家并不是现实里那个家,而是想象中的那个安全、自在、有人支持、有人疼爱的地方。回家的意义,就是长大的我们还能再当一会儿小孩。

家,应该是子女的防空洞,不该是他们的另一个战场。毕竟,这个世界教他们长大的人太多了,而真心爱护他们的人太少了。

如此说来,让人放心当小孩的地方,才是家。

每当有家长向我吐槽他家的孩子笨,我就会给他分享一段超可爱的对话。

男孩:"如果我考上清华呢?"

妈妈:"那妈妈就会为你骄傲。"

男孩:"考上北大呢?"

妈妈:"一样很骄傲。"

男孩:"那如果我烤上地瓜呢?"

妈妈:"烤上了地瓜啊,如果你把地瓜烤得又香又软又甜的话,我也会为你骄傲呀。"

男孩:"以后我就当个烤地瓜的老板。"

妈妈:"哈哈哈!恭喜你有了新的愿望。"

嗯,如果孩子必须听父母的话,那么孩子就得过早地长大;如果父母能听孩子的话,那么父母就能重返童年。

在幸福的家庭里长大的孩子,就算日后是社会的边角料,也依然是父母的骄傲,这类人的身上会流露着强大的自信和一辈子都用不完的安全感,他不怕比别人差,也不在乎有没有人爱,因为他不缺爱。

反之,在没那么幸福的家庭里长大的孩子往往很缺爱,其典型的表现是自卑、敏感、渴望被爱、渴望被认可。因为在他受委屈、受挫折的时候,没有爸爸为他撑腰壮胆、为他出头,也没有妈妈的温柔呵护和细心开导,所以他的成长之路非常辛苦,别人稍微对他好一点,他马上就会倾其所有地对人掏心掏肺,根本就判断不了对方究竟是人是鬼。

在爱里长大的孩子,就算迷路,也像是旅途。而在缺爱的家庭里长大的孩子,就算是吃喝不愁,实际上还缺很多东西。

缺来自父母的维护。

有小朋友抢玩具,子女不想给,父母却说:"你是个大孩子,让给小朋友是应该的。"

有亲戚诋毁子女的选择,子女翻脸了,父母却说:"人家是为了你好,你不要无理取闹。"

有人欺负他们,他们很委屈,父母却说:"要多从自己身上找找原因,为什么他只欺负你。"

被比下去了,他们很难过,父母却说:"不争气的东西,就知道哭。"

缺基本的社会常识。

没有人教他们怎么办银行卡,怎么坐地铁、火车、飞机,怎么规划行程路线,怎么点菜,怎么找酒店,怎么租房子,怎么跟人打交道。也没有人教他们友谊破裂、感情受挫、亲人离世、宠物生病、被欺凌、抑郁焦虑、孤独寂寞、压力山大时该怎么办。

缺对社会规则的了解,所以他们时常遇到"被人卖了还替人数钱"的狗血剧情。

缺对亲密关系的认知,所以遇到了喜欢的人,他们也始终保持着距离,因为他们不知道怎么跟人相处,怎么打交道,怎么处理矛盾。

缺对人生的长远规划,他们的追求只停在了"考上一所好大学",然后就不知道做什么了,所以他们的工作换得那么频繁,心态那么慌乱,步子那么着急。

缺对自我的正确认知,所以他们有时候很自恋,有时候又很自卑;有时候盲目乐观,有时候又过分地自我贬低。

还缺对生活的热情,所以他们吃什么都没胃口,做什么都觉得没意思,去哪里都打不起精神来。

结果是,越长大越难过,逐渐变得悲观、厌世、胆小、怯懦、偏激、社恐、压抑、拧巴,时常捂着四面漏风的心站在人生的十字路口,失魂落魄,不知道该何去何从。

所以,想给为人父母的提5个醒:

1. 不要拿恩情来绑架孩子,也别盼着孩子知恩图报。

不要再向孩子灌输"孩子的生日,娘的苦日""我活成这样,全都是为了你"之类的言论。这只会让孩子愧疚,很难让他快乐。

你得明白,生他并没有经过他的同意。万一他从来都不觉得"被你生出来是一件幸福的事"呢?

无奈的是,这世上少见的是知恩图报,常见的是施恩图报。

2. 不要因生活的不如意迁怒孩子。

有的父母在外承受了压力，转身就把怒气宣泄到孩子身上，不听话就发火，作业写错了就发火，饭菜掉桌子上了也发火，当时觉得"是孩子欠收拾"，但父母意识不到的是，从小看父母脸色长大的孩子，人生就像是中了某种诅咒，一旦遇到谁情绪失控，谁脸色不好，就会习惯性地认为"肯定是因为我""肯定是我的错"。

3. 不要试图控制孩子，那只会让他们拼命想逃。

就像电影《伯德小姐》的女主角对她生母讲的那样："给我一个数字，养大我到底要花多少钱。我会长大，然后赚钱，把我欠你的，用一张支票还干净，这样我就再也不用和你说话。"

4. 不要过度地纠正孩子，如果连父母都无法包容子女的错误和缺点，那这个世界还有谁会包容他们？

很多家庭是，孩子一篇文章背不下来就骂半天，排名降一点儿就吼半天，遇到熟人没打招呼就唠叨半天。结果是，父母以为的"为你好"更像是一种攻击，父母以为的爱恰恰成了一种压力。

5. 不要把孩子当成自己人生的加时赛，要过好自己的人生。

别怕老师打电话，别怕孩子不及格，别怕他们以后没人爱，你要多享乐，少费神。

希望你的孩子能有一种自信："我的爸爸妈妈跟我是一伙的，只要我占理，我解决不了的问题，我的爸爸妈妈一定能解决。"

希望你的孩子回忆你的时候,评价是:"我的爸爸妈妈一生平静而快乐,他们是幸福的人。"而不是:"我的爸爸妈妈一生穷困潦倒,他们是坚强的人。"

哦,对了,假如你爱旅游,经常带孩子出去玩,却有人跑来"纠正"你:"带小孩子旅游根本就不算见世面,既锻炼不了什么能力,也长不了什么见识,因为吃穿住行都是大人安排好的,出去玩也不过是去景点拍拍照片,转一下就回酒店了,就像一架相机去外地转了一圈,有什么意义呢?"

你就大大方方地告诉那个人:"是我想出去玩,顺便带着孩子。"

- 4 -

《我与地坛》里有一个小片段。史铁生当年总是独自跑到地坛去玩,母亲总是担心他。后来他双腿瘫痪了,再也不愿意出门,母亲却一遍又一遍地问:"北海的菊花开了,我推着你去看看吧。"

但史铁生总是拒绝,终于有一天答应了,可母亲已病入膏肓无法赴约。母亲去世后,他突然懂了:"儿子的不幸在母亲那儿总是要加倍的。"

对世界来说,你只是芸芸众生中的一员,但对父母来说,你是全世界。

父母与子女之间的爱常常夹杂着误会和不满,所以家人之间的爱是没办法非黑即白的，在相互依存的同时，相互磨损，也相互修补。

比如说，你讨厌父母的迂腐和闭塞，却又心疼他们的辛苦和操劳。

你怨恨他们不理解你、不支持你，却又心疼他们什么苦都吃了、什么好都给了你。

你总跟他们顶嘴，也总在夜深人静的时候暗下决心要挣好多钱给他们花。

有时候，你明明是在表达感受，他们可能觉得你是在指责他们。

比如你说："你这样讲，我觉得很难过。"他们就会说："还不让人说了啊？那行，以后你的事，我都闭嘴。"

有时候，你明明是在表达需求，他们可能觉得你是在表达不满。

比如你说："能不能让我一个人静一静？可以尊重我的选择吗？"他们会说："你这是什么意思？对父母就这个态度吗？"

总之，你的话，他们都听见了，但得出的结论完全不是你想表达的，他们听到的只是你对他们的"不满""不爽"，甚至是"攻击"。

他们的好，你全都知道，你的感受却不是他们以为的，你感受到的只是他们对你的"束缚""勉强"，甚至是"胁迫"。

有时候，你会讨厌他们的过度干预和不领情，但理智让你没办法真的跟他们反目成仇。

有时候，你会觉得很内疚，尤其是看到他们日渐衰老的身体、新增的皱纹和鬓角的白发。

结果是，你的身体里住着两个你，一个想回家，一个想远行。

那么问题来了：是父母心理扭曲，所以不好好说话，不允许子女过得开心吗？

当然不是，很多父母只是习惯了"凡事优先展示自己的感受"，而非"照顾对方的感受"。

是父母不喜欢繁华的都市、高档的食材、舒适的生活吗？

当然不是，只是他们过惯了勤俭的生活，只是他们一辈子都待在一个固定的圈子里，造就了如今狭隘或者贫瘠的精神世界，所以他们既接受不了，也欣赏不了任何美好且昂贵的东西。

是父母不爱你了吗？

当然也不是。他们亲自参与并见证了你的成长，从哇哇大哭到咿呀学语，从蹒跚学步到健步如飞，小时候天天盼着你快点儿长大，当看到你真的长大了，越来越不需要他们的时候，他们又在心里悄悄祈祷："时光啊，你慢点儿走吧，我还想多陪陪他。"

他们只是希望自己对你还有用处，希望自己还能被你重视和需要，他们不愿意接受"已经老了"的事实，也不甘心承认你的"翅膀硬了"的事实。

很多时候，他们只顾着表达对你的爱，只顾着强调对你的付出，只想看到你变成他们希望的、近乎完美的样子，只盼着你过得好、生活幸福，却忽略了你的三观跟他们有着很大的不同，你有很多他们理解不了但你觉得"这没什么"的小缺点，你的生活有很多他们不知道，也没办法知道的小麻烦。

他们糟糕的表现让你忘了一个事实：这个世界，最爱公主的不是王子，而是国王。

成长最重要的事情之一就是学着跟父母和解。

我所说的"和解"，不是委屈自己去迎合父母，而是不再试图改变他们，不再期望得到他们的理解和认可。你用你自己的方式表达感激，你可以送他们礼物，可以带他们出游，可以为他们提供更优渥的物质生活，但同时允许他们不接受、不理解、不认可，要允许他们还是像以前那样固执、偏激、节俭、狭隘……

也就是说，不和父母纠缠，就是在跟父母和解。

所以我的建议是，多夸夸父母，多麻烦父母，在他们力所能及的范围内"多用用他们"，比如让他们做你爱吃的饭菜，拜托他们帮忙养一盆花、一缸鱼、一只狗，让他们觉得自己还有用，这是为人子女能够提供的、最简单却也最有效的孝顺。

多记录父母的日常，多去了解父母的过往，多采访他们，不停问问题，问经历，问遗憾，问感受，问美好，问他们的一切，你会有惊人的收获。

多向父母展示你此时的美好和幸福，多带父母去认识这个世界的新鲜和丰富，而不是嫌弃他们的没见识和不圆融。

父母与子女之间最好的状态是：亲密但仍保有界限，孝顺但不事事盲从。

哦，对了，跟妈妈吐槽爸爸，或者跟爸爸吐槽妈妈时，一定要悠着点儿，不要太放肆，否则的话，你们说着说着就变成了"你这样说你爸（妈），有点儿过分了啊"。

12 关于爱情：
真心本就瞬息万变，爱到最后全凭良心

- 1 -

爱是一生的追问，归根结底其实是两个问题：
我今天还爱他吗？
我今天还值得被爱吗？
关于爱情的建议，归根结底其实也是两句话：
去爱一个本身就很好的人。
去成为一个本身就很好的人。

不要只图别人对你的好，要图他本来就很好。因为心动会归于平静，新鲜感会消失，激情会散去，但一个人的责任感、家风、教养、人品、习惯、上进心是不会轻易改变的。

不要盼着爱情能拯救自己，要努力变成更好的自己，好到可以坦然地接受别人的爱，好到可以不用担心这份爱的有效期，好到像礼物一样出现在别人的生命里。

怕就怕，你刚打算坠入爱河，河神就忙不迭地提醒你："不要往河里扔垃圾！"

- 2 -

一个网友给我讲了一个故事。有一对夫妻在大街上吵起来了,起因是女的想喝一杯奶茶,男的死活不让。

女的说:"我自己掏钱买,这总行了吧!"

男的依然不让,还扯着嗓子喊:"这种垃圾玩意儿,一勺子香精兑上水,就要8元钱,傻子才喝,我可不能看着你被人骗,它根本就不值这个价。"

女的嫌丢人,不买了,然后就回家了。可这男的不依不饶,非要女的承认花8元钱买奶茶是很蠢的事情。女的拒不承认,男的就一直掰扯。

最后,两个人像复读机一样,男的反复说:"这垃圾玩意儿怎么就值8元钱?"

女的反复说:"我自己挣的钱!"

后来,两人离婚了,男的又娶了一个,后妻几乎什么事都顺着男的。

有一天,他俩带着3岁的女儿逛街,女儿看上了一个公主皇冠,大概80元,当时他们俩的月薪超过了15000元,花80元毫无压力。

女儿平时很乖巧,那天却很倔强,非要买那个皇冠。后妻心软了,提议给孩子买,这男的瞬间就怒了:"这破玩意儿根本就不值80元钱!"

结果是,女儿在地上号啕大哭,后妻心疼得直掉眼泪,而这个男的只是在重复着说:"这破玩意儿根本就不值80元钱!"

是的,就算"那玩意儿"确实不值那个价,但在听的人看来,他言之凿凿、不近人情的样子更像是在说:"你不值那个价。"

爱情最浪漫的地方不是风花雪月或者海誓山盟,而是"你能懂我"和"你能挺我"。

怕就怕,有的人明明幸运地拥有了一桌子好菜,可以愉快地吃他自己喜欢的东西,可他偏不,非要别人也跟他一样,别人不肯,他就把桌子掀了,菜洒一地。

成年人像小孩子很可爱,真把自己当小孩子很可怕。

两个人相处,有摩擦是很正常的,但摩擦不等于伤害。你不认同我的观点,我不认同你的观点,然后我们吵架或者冷战,这叫摩擦。但是,我做什么你都瞧不上,我说什么你都不认可,我想干什么你都认准了我干不好,这就叫伤害。

摩擦和伤害最大的区别是,摩擦不会产生自我厌恶,但伤害会让人觉得"我很糟糕"。

比如说,你和他唇枪舌剑吵了一下午,你会觉得自己是个废物吗?你不会,你只会觉得他是个智障。

需要特别提醒的是,当两个人意见不统一时,你不是只有"接受对方说的"和"掀桌子"这两种选择,还有一个互相调试的选项。

比如说,你可以给我建议,我可以不听;我可以提反对意见,你也可以不接受。两个人要允许彼此把真实的想法讲出来，然后调整、配合。

就像是两人共骑一辆车，不是你挤着我了，我就得忍着或者直接把你踹下去，还有一种方案是我告诉你"你压着我肉了"，然后我们通过调整位置来让两个人都坐得舒服。

健康的爱情应该是这样的：你们不会因错误或缺点去羞辱对方，不会用漫长的沉默去折磨对方，也不会用咄咄逼人的气势去控制对方，而是会倾听，会回应，会有耐心。

你们的沟通很顺畅，而不是凡事都靠猜。

你们确信对方对自己的好，是自己应得的，同时也明白对方对自己的好，不是理所应当的。

你们有能力付出爱，也有底气接受爱。

你们知道自己的优缺点，也了解对方的优缺点，所以不会居高临下，也不会妄自菲薄。

你们不审视对方，不考核对方，只是陪着。

你们不用时刻想着要解释、要迁就、要让步。即便是做出了一定程度的妥协，你们也不会觉得这是在牺牲自己。

你们喜欢当前的生活，而不是寄希望于"明天一定会好起来的"。

你们能够表达自己的真实感受，不用为了虚假的安宁而掩饰自己的真实需求。

你们会为对方的成长感到高兴，不会担心自己被比下去了。

你们会感觉到自己是被爱的，虽然有时候根本就搞不清楚自己到底哪里可爱了。

你们喜欢和对方在一起时的自己。

读到这里的时候,你们的脑海里恰好出现了对方的脸。

谈恋爱是为了变回小朋友的,而不是为了把自己逼成一个疯癫的大人。如果在一起反而让彼此喘不过气,让彼此活得更消极,那这恋爱,不谈也罢。

- 3 -

再来聊一个有意思的问题:为什么要用千里马送信,而用老牛拉车?

一个很重要的原因是,"它们是那块料"。

选择人生伴侣也是如此,如果一开始只看他对你的好,只在乎他对你的热情,完全不考察他的责任心,他的原生家庭,他对待感情、异性、婚姻的态度,他的三观和品德,你就很容易选错"材料",那你就别抱怨结婚后的他或者好吃懒做,或者重男轻女,或者脾气暴躁,或者天天只顾着打游戏……

残酷的现实是,你嫁的不只是爱情,还有他和他全家人的良心。

很多婚姻失败、感情不和的案例,都是因为一开始就错了。结婚前,你明明看到对方有你无法忍受的缺点,但别人劝你"结婚就好了"，你也以为"人是会变的"，然而这并不现实。

现实是，婚前花心的人，婚后并没有痛改前非，反而会抱怨婚姻束缚了自己；婚前酗酒的人，婚后并没有收敛，反而出现了家暴倾向；婚前啃老的人，婚后并没有努力进取，反而更加游手好闲。

你可能会怨声载道："我当初怎么就瞎了眼，嫁给了这种人？"

其实你当初没有瞎，你知道他有这样那样的缺点，只不过你被他当时表现出来的热情、某一个优点、几句誓言给诓住了，以为自己能忍得了，以为自己有办法搞定。

从这个角度说，你此时的懊悔不过是在为曾经的幼稚、无知和贪心买单罢了。

很多女生说男生骗她恋爱、结婚，之前都是演的，得手了就变心。

实际上，别人不是演的，只是当时他想追你，荷尔蒙控制了他，所以他愿意坐一晚上火车跑到你的城市看你，所以他愿意大半夜跨越半座城市给你送感冒药，所以他愿意在众目睽睽之下帮你系鞋带……

等荷尔蒙的作用结束了，新鲜感消失了，热乎劲儿没了，他就不愿意为你做这些事情了。

爱是诚诚恳恳、相濡以沫，也是山高路远、全凭良心。

爱情长久的秘密，不是两情相悦就够了，还需要两个人都有良心，需要两个人都明白责任和承诺的分量。等到某一天，就算耗光了热情和新鲜感，依然还能有人品和责任心来支撑；就算不能走到最后，你们也依然会庆幸遇到过彼此。

所以我的建议是，不要找一个对你好的人，要找一个本身就很好的人。他有独立的思考和生活、稳定的收入和情绪、志同道合的朋友、非常着迷的爱好，后来才出现的你，只是他的锦上添花。

不要只爱一个身体或者一张脸，也不要只爱恋爱的感觉，不管你是始于什么开始一段关系，最后都是要终于人品的。越是好的品质，越是没有人能够长期伪装。比如情绪稳定、积极乐观、踏实努力、善良厚道。

不要仅凭他光鲜的外表或者温柔的声音就沦陷了，要去了解他的人际关系、工作内容、生活圈子，要亲眼看看他的朋友都是怎样的人，他的爸爸是如何对待他妈妈的；要和他聊男女平等的问题、聊对婚姻的看法、聊人生的规划、聊两个人以及两个家庭该如何沟通和相处。

不要试图用爱情去改变一个人，不要妄图包容你根本就受不了的缺点。因为改变他，违背了他的本性；而包容他，违背了你的本性。就算你们勉强在一起，也只是待在一段不开心、不符合本性的关系里。

除此之外，要尽量避开那种心穷的人，否则你就得承担他的无知、狭隘，以及糟糕的逻辑。

还要尽量避开那种虚荣的人，否则你会成为他虚荣的一部分——你好的时候，他拿你显摆；你不好的时候，他觉得你恶心。

不成熟的时候,你往往是只需一眼就坠入爱河,但成熟之后,你会在弄清了水的深浅之后再决定是否跳入其中。

- 4 -

有个女生用小号问我:"老杨啊,我根本就感觉不到我男朋友爱我,我都为他吃避孕药了,他还是像以前一样冷淡。我跟他提分手,他不说同意,也没说不同意,就是沉默。他怎么可以这样对我?"

我回:"你为他做了什么,和他应该怎样对你,这是两件事。你要为你的决定负责,但最好不要因此就觉得他必须怎样。爱是愿意,不是应该。"

她又问:"我为他吃了那么多苦,他一点儿都不感动吗?"

我回:"感情不会以你受了多少委屈来彰显。你千里送来的鹅毛,对方压根儿就不在乎,那你凭什么要求别人对你感激不尽?"

她好久之后又问了一句:"那我该怎么办呢?"

我认真地敲了一段话给她:"当然是好好爱自己,健身、学习、好好读书、努力搞钱、稳定情绪、多出去走走。变成更好的自己,才是被爱的筹码。"

我的意思是,你爱他,是因为你觉得他好,而不是因为你好。

你想要被爱，最好是因为你本身值得爱，而不是把它当成对方的任务。

不管你想不想谈恋爱，我都要给你提 8 个醒：

1. 大部分人所谓的"我爱你"，其实是"你得爱我""你得再多爱我""你得再对我好一点儿"。说得再直白一点儿就是，大部分人只是想占更多的便宜，最好是堂而皇之当巨婴。

但实际上，"我爱你"的意思是"我想让你开心"，而不是"你得让我开心"。

所以，尽量不要说"我这么爱你""我为你做了那么多"之类的话，因为这种话就像是糟糕的咒语，一旦念出，就会脱口而出另一句——"你却没为我做什么"。

2. 一辈子都要觉得自己是值得被爱的，而不是只有在被爱时才觉得自己可爱。

在很多人的认知里，被爱是有条件的。自己必须足够好，足够乖，足够优秀，才可以得到"摸摸头""牵牵手""举高高"的奖励。于是，你不停地讨好，努力想表现自己，以此来换取一丁点儿的爱。就像小时候，你要考 100 分来换一顿麦当劳那样。

3. 人都是越被爱越可爱的。

不健康的爱会让你面目可憎，让你易燃易爆易受潮，而健康的爱会让你自觉矜贵，让你更放松、更温和、更开心。

所以，一定要远离那些让你焦虑、泼你冷水、灭你自信、让你尴尬、让你烦恼比快乐多的人，要多和那些陪你成长、真心赞美你、尊重你、维护你的人一起玩。

早就有人说了：人如果被好好爱着，就不会皱巴巴的。

4. 有时候，真正难相处的，其实是我们自己。

所有的亲密关系，归根结底是你和自己的关系。如果你不清楚自身有哪些臭毛病，不知道自己到底想要什么样的爱情，不知道拥有爱情是为了什么，那么你一定会经历一个"跟谁谈恋爱都水土不服"的痛苦阶段。

如果你整天讨厌这个、讨厌那个，也许你真正讨厌的是你自己。

5. 真正的门当户对，是精神上的势均力敌。

不要因为对方优秀就自惭形秽，也不要因为对方有不足就趾高气扬；不要在别人那里找快乐，也不要在别人那里要尊严。要活在自己的一方天地里，要将裁量生活的权利牢牢攥在自己手里，要相信自己是值得被爱的，也要相信对方值得爱。

在爱情里面，一切的"相信"都归于你对自己的相信，一切的"怀疑"都归于你对自我的怀疑。

6. 我们既需要拒绝别人的勇气，更需要被人拒绝时的清醒。

爱上一个不可能的人，感觉就像是，你只有300块，却看上了30000块的东西。

不清醒，你就会对他人失望，失望于对方的有眼无珠或者势利眼，失望于自己的怀才不遇或者生不逢时，就容易把一无所有的温柔和一贫如洗的真心当成是"纯爱"。

还记得《武林外传》里的那个片段吗？

女："你帅吗？"

男摇头。

女："你有钱吗？"

男摇头。

女："你有前途吗？"

男摇头。

女："那你凭什么说你想我？"

男生激动地说："凭我这颗真心！"

女生反手就是一耳光。

7．"等一个更好的人"远不如"变成更好的自己"。

亲戚朋友给你介绍对象，有时候会介绍年龄大的、条件差的、长得丑的，不一定是有意侮辱你，而是在他看来，你目前的条件只配得上那样的。

换句话说，如果你不能提升自己，你很可能遇不到让你满意的另一半，因为你在媒婆心里的样子，决定了媒婆会安排什么样的人来和你见面。

8．我们都擅长口是心非。

不管我们如何强调人品、教养、习惯的重要性，但不得不承认，一见钟情主要是看长相，灵魂有不有趣、道德高不高尚，都是后话。人类就这么点儿出息。

不管我们如何高调地宣布"封心了、锁爱了",但内心不得不承认,锁是锁了,但没锁死,钥匙就在门框上,身高1.8米以上的,一伸手就能够到。

希望你有过硬的本事,有喜欢的工作,有可以逃避坏情绪的爱好,有充足的睡眠,有独处的快乐,最后才是有好多人喜欢你。

希望你是因为有趣而被喜欢,因为有用而被需要,同时因为无用和无趣的细枝末节而被某个人视若珍宝。

希望你无论多苛刻都有爱的人,也希望这个世界无论多苛刻都有人爱你。

PART Ⅲ

不要停止成长，
这个世界不惯着弱者

有人祝福说"你值得更好的"，但并不等于"你会得到更好的"。"更好"需要你"更努力、更有本事"才能配得上。人生不能坐着等待，因为好运不会从天而降，即便是"命中注定"，你也要自己去把它找出来。

13 关于好为人师：
过来人说的话，没过来的人是听不进去的

- 1 -

打羽毛球的时候，跟人聊到了新买的球拍，你说好喜欢它的配色和握拍的手感，马上有人说："你这款不行，没什么爆发力。"

发了新房子的照片，你的本意是记录一下人生的重大时刻，有人就来评论说："墙面漆的颜色真难看，而且跟家具的风格不搭。"

同学聚会之后，你晒了一堆人开心用餐的照片，有人马上点评道："这个红烧肉还行，那个烤鸭差点儿意思。"

发朋友圈说吃了海底捞，感觉很开心，马上有人接话："我觉得没有呷哺呷哺好吃。"

发了一张戴戒指的照片，你本想记录一下幸福的时刻，有人马上点评道："你的手指好粗糙，应该好好地护理一下。"

好想说一句：谁问你了？

先讲两个小故事。

第一个是一个旁观者的描述。说有一个中年女人领着一个十二三岁的小女孩买水果,一边挑一边问小女孩:"如果你爸妈离婚的话,你跟谁?"

小女孩没说话,中年女人接着说:"他们俩关系那么差,天天吵架,肯定是要离的。"

小女孩继续沉默,中年女人继续说:"你更喜欢爸爸,还是更喜欢妈妈?"

小女孩深呼吸了一下,平静地说:"阿姨,你这么关心我的爸妈,是因为自己没有爸爸妈妈吗?"

第二个是一位女强人的自述。她得知自己的中年男性客户生病了,要做手术,为了表达关心,她急匆匆地跑到医院去,非常诚恳地问了一堆问题:"怎么样了?确诊了吗?是哪方面的问题?需要我帮你找医生吗?"

对方的神情很不自然,但被追问得实在是没办法,就尴尬地说了实情:"我做了痔疮手术。"

成年人最高级的自律是:苦事不宣,乐事不扬,闲事不管。

成年人最应该学习的两件事情是:少吃两口,少说两句。

做人不能做瞎子,要看清事情的来龙去脉;不能做聋子,该听

的信息要侧耳倾听；但要做哑巴，看到了，听到了，自己心里有数就好，不要四处嚷嚷，不要逢人就絮叨个没完。耳朵从来不会犯错误，惹祸的都是嘴。

别人有难，你去开导，那叫帮忙；别人没事，你总唠叨，那叫烦人。

喜欢对别人的生活指手画脚，可能是没明白"我算老几"。因为搞不清楚自己的生活边界，所以才会再三地向外试探。

世界就像一个巨大的万花筒，人人都有自己的生活方式和好恶标准，要时时记得"把自己当外人"。

不要把自己的主观想法强加给别人，不要用自己的个人喜好去丈量别人的生活。他喜欢房间凌乱、随意的舒适感，你就别用你喜欢的整洁标准来要求他；他喜欢在闲时打牌来消磨时间，你就别总说读书更高雅。

要时时谨记：别人的感受胜过你眼里的事实。

他在为爱所困的时候，你就不要轻飘飘地说："这算什么呀，爱情的苦多着呢。"

他在享受新婚的快乐时，你就不要跟他强调："婚姻是围城。"

要时时提醒自己：过来人说的话，没过来的人是听不进去的。

尤其是那些身在人生至暗时刻的人，他们不需要你表现得更热情、更聪明，你只需把你的好奇心、个人好恶统统锁在柜子里，用心去倾听对方，不乱下结论，不胡作判断，提供他最需要的陪伴，就够了。

关心他的关心才是直抵人心的捷径。

事实上，各人有各人的命运积分榜，你刷你的，我刷我的。我没去惹你，你也别来烦我。

生而为人，最好的礼貌是不要多管闲事。

望周知：

你说话比较直，我很介意；

你说话没有边界感，我很介意；

你嘴巴太碎了，我很介意；

你嘴巴不严实，我很介意。

你闭嘴的时候，我最喜欢你。

- 3 -

有个姑娘给我敲了一段很长的话，大概意思是，在老板安排的饭局上，有几个表达欲爆棚的前辈，从职场经验、婚恋观念、养生技巧，聊到国际形势、中东局势，4个人聊起天来比4000只鸭子还要吵。

更糟心的是，他们还非常"关心"在座的年轻人，时不时还要问一句"你们工作顺不顺心""对老板有没有意见"，有人就说了一句："工作嘛，难免会有一些观点跟老板的不太一致。"

其中一位马上就蹦出一句"想当年"，然后喋喋不休讲他当时的领导如何糟糕，他当时是如何斗智斗勇，最后如何化解危机……

这一位话音刚落，另一位马上插嘴说："你这么做不对。"然后继续喋喋不休地讲他当年是如何不畏强权，如何硬刚领导……

好不容易等这一位讲完了，下一位又插嘴说："你这样也不对。"接着激情澎湃地讲他当年是如何跟领导齐心协力，如何过关斩将……

这姑娘问我："总喜欢教人做人，这些人怎么那么讨厌呢？"

我回："你讨厌的并不是他们教你做人，你讨厌的是他们用倚老卖老的方式，教的都是你不感兴趣、不认同，觉得没用、过时，甚至是错误的东西，你讨厌的只是他们利用年龄优势（可能是仅有的优势）在你面前废话连篇。"

试想一下：如果你是职场小白，你的经验、能力都很有限，有个能力出众的前辈愿意做你师父，教你做事，你会不乐意吗？

如果你是个刚拿驾照的新手司机，一摸方向盘就心里犯怵，有个成熟稳重的前辈愿意教你用车的技巧，你会不乐意吗？

你当然乐意。

但如果是个做事不着调、整天就知道吹嘘、凡事都不懂偏爱装懂的人，对你说一些你早就知道、毫无用处、不认同、不感兴趣的观点，你当然会很不乐意。

这些让人"烦"而远之的家伙，在任何事情、任何场合都要发表观点、见解、建议，并强行升华，最好再和他们的人生经历联系起来，再得出一堆过时或可笑的结论，最后提一堆肤浅且愚蠢的建议，还自我感觉良好。

他们以"过来人"的身份自居，对晚辈或下属指指点点，但言语之间除了炫耀毫无意义，就像是变相地说："你这样做是不对的，但什么是对的，我好像也不知道。你应该按我说的那样做，如果没效果，那也跟我没关系。"

他们觉得自己的活法是最科学的，觉得自己的人生是最理想的，觉得自己的见解是最睿智的，觉得自己的方法是唯一可行的，觉得真理都掌握在自己手里，于是觍着脸把自己当作人生导师，逢人就教人做人做事，全然不顾他人的感受。

他们只是打着"我这是为了你好，我这是看得起你才跟你说"的旗号，实际想要的是："你们得听我的，你们得崇拜我，你们都看看，我多了不起。"

他们对别人说三道四的时候，眼里并没有别人，只有倒映在别人眼睛里的、正在指点江山的自己的倒影。

他们满身都是迂腐的气味，什么都不敢坚持，却美其名曰"会做人"，还嘲笑年轻人的不妥协是幼稚，指责年轻人的不让步是无知。

可问题是，不该妥协的地方，为什么要妥协？不该让步的地方，凭什么要让步？

人哪，并不会越活越明白，经验和阅历有时候也会变成自缚的茧房。

- 4 -

关于"提建议"这种事，你要明白三个真相。

真相一：很多看上去正确的建议，只是满足了提建议的人。

比如说，家里人买了新鲜的草莓，本来是想与你分享的，结果你张嘴就来："这个草莓啊，一定要认真洗，它的农药喷太多了，不洗干净吃了会生病。"

家里人买了一款热销的铁锅，你就说："如果不好好开锅，会很容易粘锅。"

家里人做了一道四季豆炒肉，你就说："豆子一定要炒熟，不然吃了会中毒。"

你要是对什么事情不放心，你就主动把它处理好。

怕草莓的农药多，不要说这说那，你就说"我来洗"，然后自己去洗三遍、四遍、五遍，然后一起分享。

怕铁锅粘锅，你就说"我来开锅"，然后把它处理好。

四季豆你不放心，你就说"今天我来炒"，然后亲自动手把它炒熟。

类似的还有，如果你真想给某人提建议，就不要只提"正确的废话"，要提"能够操作的建议"。

比如，说"上课别走神"没有用，有用的是："如果你发现自己走神了，轻轻拍一下脑袋，把注意力收回来。"

说"作业要全部完成"没有用，有用的是："如果你遇到不会做的题目，可以留着第二天问我。"

说"仔细计算别出错"没有用，有用的是："算完了，再验算一遍。"

对失恋的人说"要坚强"没有用，有用的是："一起去健身吧，练得美美的。"

对敏感、内向的朋友说"任何时候你需要人陪都可以来找我"没有用,有用的是:"我买了两张电影票,你能陪我去看吗?"

对沮丧、难过的人说"比你痛苦的人多的是",就像对骨折的人说"比你严重的人多的是",这是非常糟糕且无用的安慰,有用的是:"我请你吃咕噜咕噜的火锅吧。"

真相二:很多人所谓的"为了你好",只是为了让他自己心情好。

大多数人的"看不惯",是因为"你没有像我想的那样做、那样选、那样活着,所以我想改变你"。很多人的建议、提醒、批评,以及发火,很多时候只是在教别人做一个他希望的人。

比如父母跟孩子强调的"你应该……",情侣跟另一半强调的"你怎么就不能……",朋友跟朋友说"你和之前不太一样了"。归根结底,就是想把别人改成让自己觉得舒服、看着顺眼的样子,至于别人舒不舒服,他们不管。

我想说的是,你可以试着影响别人,但别想改变别人。影响别人最好的方式是,你自己可以做到,你自己做得很好,你自己活得很好,因为你才是你的观点最直接、最有力的证据。

否则的话,被建议的人心里话大概只有两句。

一句是:"建议你,不要建议我!"

另一句是:"别掏心掏肺了,掏钱吧!"

真相三:心理健康的人是不会轻易折磨别人的,通常是那些曾经被人折磨过的人,最后变成了折磨别人的人。

人的内心比较弱的时候,会表现出挑剔、刻薄、争强斗胜的一面。而当一个人内心很强大的时候，会表现出宽容、友善、和平共处的一面。

所以，当你自己能量不够的时候，首要任务是管好自己。就像飞机氧气面罩的使用提醒：先救自己，再帮别人。

可总有一些人，自己的日子过得不怎么样，却很喜欢向年轻人输出恐惧、焦虑，以及各种人生的限制（当然了，他们会把这些东西视为"精神财富"）。尤其是当他们听到年轻人做了一些他们理解不了的选择，说了一些他们没听过的观点，做了一些让他们感到意外的事情时，通常不是给祝福，也不会试图去搞清楚"现在的年轻人都喜欢什么，都在追求什么"，而是一味地警告、劝阻、恐吓。内心不太坚定的人，特别容易被他们影响到。可一旦真的按他们的建议来活，大概率会活得比他们还要清汤寡水。

最好的心态是：位置不同，少言为贵；认知不同，少辩为上；三观不同，少凑一桌；管好自己，不度他人。

- 5 -

出于自恋，很多人总想把别人拖入自己的剧情，好让别人成为自己剧情中的配角，却又不对配角负责。

比如，对你讲"养狗就应该放开了，让它撒欢，别天天牵着绳子"的人，并不会在你的狗狗跑丢后帮你找，也不会在你的狗狗吓到小孩子后替你赔礼道歉。

被家暴了、对方出轨了还劝你"别离婚"的人,并不会在你挨揍的时候帮你拦住对方的拳头和巴掌,也不会在你受伤之后来照料你的身体和心灵。

那么,我们该如何应对那些"好为人师"的人呢?

你可以反问:"你知道我需要的是什么吗?""你了解我吗?""你懂得尊重别人吗?""你知道我经历了什么吗?""你知道人和人的喜好是不一样的吗?"

你可以反击:"我好心疼你的老公/老婆/孩子,他们天天忍受着你的说教,还没得抑郁症,真的很不容易啊。"

你可以帮他换位思考:"你看,我从来没催过你生二胎吧?我从来没劝过你吃素吧?所以你也别催我结婚,咱们都得互相尊重对方啊。"

你可以敷衍:"您说得太有道理了。""对对对,行行行,好好好,嗯嗯嗯,哦哦哦。"

总之要记住一个原则: 要远离那些不出钱、不出力,但建议特别多的人,敬不敬之随便你,但一定要远之。

与此同时,你还要明白:身在江湖,不管是身份、地位、年龄、资历,只要是低人一等,就难免会被指指点点。

大家就像是抱着树、排着队往上爬的猴子,向上,你看到的当然是猴子屁股,向下,你才能看到猴子的正脸。

要想不看屁股,要么是拼命爬到那棵树的最高处,要么是离开那棵树。可偏偏有些猴子,既想往上爬,又不想看屁股。那问题来了,那些费尽辛苦才爬到高处的猴子,难道要为了照顾你的感受,不把屁股冲着下面,天天练倒立吗?

既然都不喜欢"好为人师"的人,那就更应该避免成为"好为人师"的人。在准备张嘴之前,请认真想一想:

"我眼里的问题,别人也觉得是问题吗?"

"我了解事情的全貌吗?"

"他真的想听真话吗?"

"我指的那条路适合他吗?"

"走我这条路造成的后果,他承受得了吗?"

"我是真的为他好,还是想满足自己的表达欲?"

"我是想帮扶,还是想征服?"

不要对什么人都掏心掏肺,即便是有人向你请教,也未必是想听真话。

不要强迫别人说真话,他的所作所为,就是最真实的回答。

不要总想占谁的便宜,时间久了,你就真的便宜了。

不要吹嘘。你在面临重大的人生选择时做出了正确的决定,不等于别人在面临重大选择时也有这份特权或者运气。

不要勉强。私以为,新时代的四大"积德行善"是:不催人恋爱结婚,不劝人生儿育女,不拦人分手离婚,不逼人乐观拼命。

不要卖弄。比如说,你们一起去看电影,你却偷偷上网查资料,然后给别人科普"这个镜头用了什么技巧""这句台词有什么玄机",絮絮叨叨个没完,把本应是轻松的聚会搞成了教学的课堂,你说得口干舌燥,别人听得也异常辛苦。

每个人都是活在自己的主观世界里，尽量不要挑错，尽量不要指责，尽量不要未经允许就对人指指点点，尽量不要未经请求就想着救人于水火。

未经请求就好为人师是会让人反感的，后果是：你支持什么，就是在给什么丢脸；你主张什么，就是在给什么抹黑。

14 关于长大成人：
我们都在长大后，慷慨地宴请小时候的自己

- 1 -

一个便利店的老板发了一个视频，有几个少年去他店里买了一瓶饮料，然后向他借了杯子，还邀请他一起喝饮料。老板高兴地加入了这个"少年团"，还送了少年们一瓶新的饮料。于是，他们在便利店的收银台上畅饮，还非常有仪式感地喊着"干杯"。

那一天，他其实盛情地宴请了少年时的自己。

一个刚刚毕业的小伙子讲了一个故事，说他小时候借亲戚的光，在市里吃过一次很高端的自助餐，从此对那家店心心念念。考试得了第一名的他，鼓足勇气跟家里人提要求："想再吃一次。"家里人直截了当地拒绝道："我们家吃不起那个。"

等他工作之后，听说考试得了第一名的小侄子说想吃自助餐，他特意请了一天假，专程带小侄子去了当地最好的自助餐厅。

那一天，他其实慷慨地宴请了小时候的自己。

类似的事情其实有很多。

A 说他小时候非常想尝一块表弟手里的巧克力，可惜只能闻着那款牛奶夹心巧克力的味道。面对自己的苦苦哀求，家长一句斩钉截铁的"不买"，让这块巧克力彻底成了童年记忆里高不可攀的奢侈品。

于是，在工作之后，他拿到工资的第一件事就是给自己买一大盒巧克力。

B从小到大用的都是表哥表姐淘汰下来的旧手机、旧电脑，每次出问题，家长也只是说一句："拿去修一下就好了。"

于是，当他经济独立之后，他每年都会将自己的电子产品更新到最新款。

C在27岁之前都没去过游乐场，她记得很小的时候跟妈妈提过一次，但妈妈的回答非常明确："那根本就不是我们这种人去得起的地方。"

于是，等她长大了，不管去哪个城市，她都会先去当地的游乐场，买一个大大的棉花糖，边玩边吃。

D小时候对钢琴特别感兴趣，曾兴致勃勃地问家长能不能去弹琴，结果被一句"好好读书，考好大学，找好工作，才是正经事"给无情驳回。

于是，在他27岁那年，他给自己买了一架非常专业的钢琴，圆了自己8岁时被打碎的钢琴梦。

E是初中的时候才知道有"演唱会"这种活动，她那时候最喜欢周杰伦、林俊杰，她听去过演唱会的同学讲现场的热闹，非常羡慕，但她根本就不敢跟父母提，因为她知道父母一定会说："饭都吃不起了，还想听演唱会？"没准儿还会顺带着没收她的随身听。

于是，等她自己赚钱生活之后，只要是喜欢的歌手开演唱会，她都会去。她不再关心演唱会的门票买不买得起，只关心抢不抢得到，以及他们还开不开演唱会。

F说他小时候过年很想吃冰糖葫芦，可父母从来不给他买。有一次他考了全校第一名，就跟妈妈说："之前我们说好了，得第一名是有奖励的，我想要一根冰糖葫芦。"

妈妈却翻着白眼说："你得第一名，是为我得的吗？啊？是吗？"

于是，当他长大以后，只要看见冰糖葫芦，就一定会给自己买一根。

G说他小时候没有零花钱，几乎没有吃过零食，也没有任何玩具。现在有孩子了，他的孩子吃过高级自助餐、火锅、烧烤、麻辣烫、肯德基、麦当劳，拥有各式各样的乐高、机器人、电动玩具。他说他不是在宠溺孩子，而是在宠溺童年的自己。

H说她上学的时候，考了一次好成绩才敢小心翼翼地提议去吃火锅或者烤肉，现在完全不一样了，想吃就马上去吃。

她对着自己手机的前置摄像头说："刚才一个人去吃了顿烤肉，突然想到我终于过上了我8岁时的梦想生活，天啊，怎么搞的，真是了不起啊，你这家伙！"

是的，成年后每一次对自己的放纵，都是在宴请儿时窘迫的自己。

曾经有一个热搜标题是"我的童年报复性补偿行为",里面提到了一个调查数据,说每年有7000万成年人会给自己买玩具。

很多人借着这个话题讲了自己的"童年报复性补偿行为",比如,小时候喜欢芭比娃娃未能得到满足,长大以后疯狂买;小时候喜欢公主裙,家长不给买,现在一大把年纪了,还是喜欢买公主裙;小时候家长不让留长头发,长大后头发长了也不剪;小时候总穿别人的旧衣服,长大了总喜欢买新衣服……

说起来也不算什么大事,但无数个"被打击的小心愿"堆在一起,就构成了一个窘迫的童年。

这些被伴随着"求而不得"的遗憾长大的成年人,试图通过一些迟到的补偿,一步步帮自己重启人生。他们不仅大方地买零食、玩具、服饰来安慰童年的自己,同时还把自己当孩子一样重新富养了一遍。

比如说,给自己改造了心心念念的电竞房;养了小猫和大汪;报名了驾照考试和潜水证考试;去了想去的游乐场;买了最新款的电脑或手机,买了各式各样的护肤品和化妆品;报了钢琴课和跆拳道班……

比如说,喜欢的玩具可以摆满一桌子;想去的地方,买一张票,马上就可以出发;巧克力、果冻、饼干,想吃什么牌子、什么口味的都能买,一下子拆开好几包零食也不用怕被骂,薯片袋口撕大了,也不用担心被数落。

又比如说，半夜去客厅拿东西，可以光明正大地开灯，拖鞋啪嗒啪嗒，不用弓着身子竖起耳朵听爸妈卧室的声响；三餐可以按照自己的心意选择食物的种类和进食时间，想精致摆盘捣鼓两个半小时做一顿饭，不会有人来扫兴地说"瞎忙活个什么劲"；周末睡到几点、回家之后鞋怎么摆、每天穿什么，都由自己全权决定；懒散不成器的指责、幽怨的眼神、笼罩满屋子的低气压，统统消失不见；打碎一个碗，天不会塌；出去跟朋友玩回家晚了，不会听到摔门声。

他们为自己寻找和培养兴趣爱好，带自己去看更大、更远的世界，为自己布置一个可以随意折腾、毫无压力的空间，让自己放心大胆地尝试各类新体验、新角色，将自己小时候很想做的事变成一个个落地的愿望……

感觉就像是，心里呼呼漏风的洞被补上了。

也终于可以矫情地跟别人感慨一番：你走路到少年宫只需5分钟，而我走了20年；你吃的比萨只需烤5分钟，而我的比萨烤了20年；你想要奥特曼玩具只需等到周末，而我的奥特曼玩具快递走了20年；为了能坐在这里和你一起喝咖啡，我用了20年……

好在我们都已经长大了，有想要的东西不用再委屈巴巴地躲在角落里日思夜想，终于可以自己满足自己，做那个为小时候的自己圆梦的巨人。

我的意思是，你不必喜欢自己的全部过去，也不必逼自己对过去释怀，你只需要知道，过去的作用是把你带到现在，这就够了。

很多人不只是被原生家庭"控制",还一直被原生家庭打击,因为父母说的话总是夹枪带棒。"要是你像别人家的孩子那么优秀就好了""你要听话""别人家什么条件,我们家没那个资格""你是大孩子,要让着小的""我们家穷""花这么多钱,不值得""学什么画画,能当饭吃吗"……

总之是:"你不配,你不行,你不够好。"

这类父母对子女的打击是全方位的,他们泼的冷水能把孩子的心浇透,包括但不限于:对你身材外貌的评价,对你穿着打扮的约束,对你人生选择的驳斥,对你日常琐事的炮轰。

即便是长大成人了,这种童年时养成的"我不配""我不好"的糟糕感觉也会一直伴随着你。

在这种缺爱、阴郁、易燃易爆、无法正常沟通的环境里长大的孩子,性格的底色往往是:胆怯、自卑、敏感、"委屈式"懂事。这样的孩子需要用很多年,需要非常努力、非常辛苦才能克服性格上的缺陷,才能慢慢长成大众认可的那种温柔、有教养、合群、乐观的模样。

有一对扫兴的父母是种什么体验?就是小时候不让你高兴,长大了不让你不高兴。

你向父母提出请求,得到的只是忽视或拒绝。

你和父母分享快乐,收到的只是挖苦和打击。

你和父母倾诉烦恼，收到的只是嘲讽和不以为然。

你跟他们分享学校里发生的趣事，他们会皱着眉头说你："天天不务正业，你是去学习的吗？"

你跟他们分享朋友聚餐的热闹场面，他们会指责你："我为了省钱天天吃馒头白菜，你怎么好意思吃大餐？"

你跟他们分享你新学的舞蹈，他们只会冷冰冰地回复："怎么又胖了？"

你兴致勃勃地跟他们说你拿到了奖学金，他们的反应却是："为什么你得的最少？"

你跟他们说你在学校里被人欺负了，他们却反问你："为什么那些人不欺负别人？"

你拉肚子，他们会说你："整天就知道吃垃圾食品，拉肚子就是活该。"

你兴奋地跟他们说你在某款很难的游戏里闯关成功，他们只会翻着白眼说："你要是把玩游戏的劲头用在学习上，早就得第一名了。"

你带他们出去见世面，他们看见繁华的都市就说："不就是楼房多一点儿吗？"看见大海就说："不就是水多一点儿吗？"看见热闹的街头就说："不就是人多一点儿吗？"

假如你考试不及格，他们会说："我怎么生了你这么个没用的东西！"

假如你考了60分，他们会说："就这么几分，你还好意思高兴？"

假如你考了 70 分，他们会说："太差了，连平均分都不到。"

假如你考了 80 分，他们会说："这次考试题目这么简单，也才考了 80 分。"

假如你考了 90 分，他们会说："你看看人家都考了 100 分。"

假如你考了 100 分，他们会说："有什么好得意的，看你下次还能不能得满分。"

他们的言外之意是：与学习或工作无关的事情都不重要，我理解不了你那毫无意义的快乐，也感受不到你那芝麻粒大小的委屈，在你成为人生赢家之前，你笑声大一点儿都是罪过。

他们的逻辑是：马儿跑得慢，是鞭子抽得不够，所以得多抽；马儿跑得快，是因为鞭子抽得好，所以更得多抽。

久而久之，子女就养成了小心翼翼、自卑敏感的性格。他们总是想要证明自己是值得被爱的，又在得到爱和快乐的时候觉得自己配不上。

所以，每当子女感到开心或幸福的时候，脑子里就会冒出一个严厉的声音，指责自己根本不配得到幸福，以至于所有的快乐都藏着一层谨慎的底色。

而这也解释了"为什么很多年轻人不想生孩子"，因为他们担心，如果自己真有一个孩子，是不是能给他应得的、足够的耐心和温柔。

他们共同的心声是：我不是不想孕育一个美好的小生命，不是不想对孩子负责，而是因为我知道当小朋友有多难，所以我害怕自己还不够成熟，还无法给孩子一个温暖的家，一个能让他肆意成长的环境。

正是因为我有过很惨的经历，所以我不想让我的孩子再经历一次，我不想让我的孩子有那么多的负累和遗憾，所以在生孩子之前，我要求自己必须在精神和物质上有充足的准备，这样的话，我的孩子或许就会少一些遗憾、委屈、愤懑和心酸，少几样"年少不可得"。

但我想提醒你的是，原生家庭是我们的根，决定了我们会在哪里生根发芽，但是，它不是我们的宿命，每个人都可以决定生命之树的最终形状。

我们还有选择，还能把"我不配""我不好"之类的糟糕情绪都挖出来，放在阳光下晾晒。

我们追溯自己的原生家庭，并不是为了批判当年的父母，而是为了理解自己性格和命运的源头，为了更加了解自己"为什么会是现在这样"，为了帮自己捋清楚"我到底想要什么样的生活，我到底想要成为什么样的人"。

想郑重地跟原生家庭不太好的孩子们说：不要因为原生家庭不如别人就任由自己糟糕下去，也不要因为比不过别人就觉得自己糟糕。别人从山脚爬到山顶很厉害，你从深渊爬到地面也很厉害。

豆瓣有个很火的帖子叫"我发现把自己当女儿养之后就过得不拧巴了"。

作者原本是一个很敏感的人,她经常否定自己,觉得自己"不配花钱享受",不管是出去玩,还是自己花钱去听演唱会,她总是有很强的负罪感。但是,自从她把自己当女儿养之后,她就觉得"应该无条件支持(女儿)"。

她说:"因为是我爱的女儿,所以不精致也可以,胖一点儿也可以,和别人处不好也没关系,工资不高、考不上研都没关系,不那么优秀也可以,不恋爱、不结婚不必着急。反正在我眼里,我的女儿是最好的,我的女儿只要开开心心做自己想做的,自由过每一天就好,她值得。"

正是这样的允许、接纳和包容,人才会停止自我批判、自我否定、自我攻击,像一位真正的、温柔的母亲那样,和自己"内在的小孩"交流,耐心地回应自己的真实需求。

作为孩子,你没有办法决定父母养育你的方式。但作为成年人,你可以做自己的父母,把自己重新养一遍。小时候的自己可能听到了太多的"不行、不可以、不对",但在长大的你这里,怎么样都行,做什么都可以,怎么做都对。

所以,当你"内在的小孩"委屈巴巴地说"我不值得被爱""我好蠢,什么都做不好"的时候,你要帮她打消这些念头:"犯错了没关系,搞砸了很正常,失望是可以的。"

当你感到害怕、无助、自我厌弃、自我否定、缩在角落里无声哭泣的时候,你要提醒她:"你很好,你很可爱,你值得被爱。"

当你努力了很久却依然没能达到预期的时候,当你的脑海里出现了"我好差劲""我讨厌自己""我真蠢"的时候,你要告诉她:"你不会被瞧不起,你不会被比下去,所以不用担心,你可以吃你喜欢的食物,做你喜欢的事情,过你想要的生活。不是生日也可以买一块大蛋糕,没做好也可以犒劳自己,把事情搞砸了也可以奖励自己。"

怎么样才算是"重新养自己"?

比如说,有人开始尝试减少对外界眼光的摄入,不再信奉他人念叨的"你就不怕被人笑话"那一套。

比如说,有人每天记录自己完成的小事情,源源不断地给自己提供正面的反馈,不再被"谦虚""懂事""乖"之类的话术绑架。

又比如说,有人重新审视从小听到的"别人都这么做""别人都那么说",然后寻找真正能支撑起自己漫长人生的东西,比如"我喜欢""我乐意""我偏要"。

需要特别强调的是,"重新养自己"的关键是爱自己,但不是溺爱自己,二者的区别在于:

当你意识到自身的狭隘时,你是督促自己"读万卷书,行万里路",用更宽广的见识去接纳现实生活的一地鸡毛,还是为自己的无知和无能辩解,甚至以无耻为荣?

当你觉察到内心的胆怯时，你是鼓舞自己"穿越逆境，抵达繁星"，以无畏的勇气去迎接未知的挑战，还是龟缩在可怜的角落里，对心心念念很久的人、事、物说"我不想要"？

重新养自己，不仅意味着按自己的心意活着，还意味着对自己的人生负责。即便有过不那么完美的童年、不那么如意的成长，也依然想要把自己从原生家庭和糟糕现实的沼泽里拉出来，然后，朝前走，往前看。

是的，你就是你的千军万马！

当你决心把自己重新养一遍，你的人生操作系统就会弹出两个消息：

坏消息是，你只能靠自己了。

好消息是，你可以靠自己了。

15 关于焦虑：
永远不要提前焦虑，生活就是见招拆招

- 1 -

你天天都想着"上岸"，可根本不知道岸在哪里。

你累得就像一摊水泥了，却又清楚地知道自己心里有一排钢架子，结结实实地把自己撑起来。

你感觉人生像是在执行一个标准程序——到什么年纪就做什么事。比如读书、工作、攒钱、买房、结婚、生育、养老……可每翻一个山头，你发现还有一堆更难的任务在等着自己。

你发现青春已经余额不足了，可自己并没有做好"当大人"的准备。这些年的变化似乎只有：花钱变得大手大脚了，对人不再信任了，看人的眼光变高了，越来越不爱说话了。

你满脑子都是问号：

为什么生活条件越来越好，可自己却越活越累？

为什么每天很忙，可一年到头都不知道忙了什么？

到底要多好看才算好看？

到底要多努力才算努力？

到底要多有钱才算有钱？

渐渐地，世界变成了一个巨大的转轮，而你就像转轮上停不下来的仓鼠。

在人群中待久了，人都会变得贪婪，有野心，更虚荣。一旦想要的没得到，或者想争取被拒绝了，又或者被人比下去了，马上就会变得痛苦、烦恼、抱怨。

所谓的痛苦，就是很想要，可偏偏得不到。

所谓的烦恼，就是欲望被点燃了，却又不得不压下去。

所谓的抱怨，就是想为自己的责任找一只代罪羔羊，但没有成功而已。

一旦出现了"又菜又急"的心态，就用三句话来搞定：

第一句：完全不急。你想象自己是一只在太阳底下优哉游哉的猫，对你来说，舔自己的毛最重要，舔完毛再好好睡一觉最重要，其他的都可以等。

第二句：我不要了。他人的好感、倾慕之人的好人卡、凑合的关系、无关之人的认可……统统都不要了，不想纠缠了，不抱期望了，心里的石头没了，烂人和烂事自然就跟着消失了。

第三句：没关系。错了，错过了，搞砸了，输了，落后了，被拒绝了……没关系，没关系，自己对自己说，没关系。

只要你还没有打算"躺平"，只要你还在努力，在学习，在思考，在观察自己，在力挺自己，你就能够逐渐理解生而为人的诸多美妙与麻烦，就能逐渐与自己的无知、狭隘、偏见、阴暗周旋下去，然后，见招拆招。

成熟的重要标志是，你主动成为影响自己最大的那个人，并把环境对自己的影响降到最低。

所以我的建议是，摘掉面具，拒绝比较，停止瞎想，直面与容貌、年纪、排名无关的主线任务，去搞好学习，做好手头上的工作，处理好眼前的人际关系，锻炼好身体，然后从心理上强大起来，去读书、旅行、交友，去提升认知和本事，去增长收入和见识。

耐心地做好手头事，尽兴地享受当下的生活，认真地珍惜眼前人，这就是过好这一生最简单的方式。

切记，不是"走一步算一步，实在不行死半路"，而是"走一步就走好一步，多走几步就有出路"。所以永远不要提前焦虑，生活就是见招拆招。

- 2 -

有个新手妈妈发现自己的孩子出牙比别的孩子晚，就天天在网上查案例，把自己吓得够呛，甚至还抱着几个月大的孩子去看牙医。

牙医哭笑不得地说："你到大街上看看，所有的成年人，有没长牙的吗？"

生活的真相就是，你担心的事情，99%都不会发生；已经发生的事情,99%都没有你想象的那么严重；以前觉得很严重的事情，

99%都在你能够承受的范围之内。

不信你再想一想，两三年前让你非常焦虑的事情，大多数其实不是被你解决掉的，而是自动消失的。因为随着你个人能力、认知的升级，随着生活主线任务的改变，你的那些烦恼、担心都会变得无关紧要。

就好比说，小时候觉得上学迟到是天大的事，初中的时候觉得没考好是天大的事，高中的时候觉得考不上大学是天大的事，恋爱的时候觉得分手是天大的事……

可当这些事情告一段落，你再回头看，就会发现：曾经觉得"人生要完蛋了，天要塌了"的那种大事，都不过是类似于"晚上是吃饺子，还是吃蛋炒饭"这种小事。

所以，不要对不了解的事情说三道四，不要对不确定的事情大惊小怪，不要对没发生的事情提前担心，不要对已经决定的事情瞻前顾后，不要对正在做的事情泼冷水，不要对已经尘埃落定的事情悔恨交加。

要记住，人生的容错率是很高的。考不上好的大学不会怎样，找不到稳定的工作不会怎样，不结婚不会怎样，不社交不合群也不会怎样。

人生并不会因为某次不达标就彻底完蛋，这个世界也并没有什么好怕的。

坏事还没发生，你就提前焦虑，就等于坏事发生了两次。糟心的事已经尘埃落定，你总是耿耿于怀，就等于糟糕了三四回。

贺姑娘给我发了一段很长的话:"我突然意识到,我已经30岁了,但如果不是去体检或者办旅游签证,我都快忘年龄这回事。我身边的朋友早就结婚生子,有的生完头胎又生了二胎,而我依然觉得自己还是个小孩子。我30岁了,还是不知道参加婚礼该随多少份子钱,不知道去别人家做客带什么礼物更合适;不知道何时给领导敬酒,不会说恭维人的漂亮话;碰到亲戚的时候不知道该喊什么,第一时间都是望向我妈;还是喜欢吃零食和路边摊,还是喜欢熬夜和各种八卦……我一直都觉得这样挺好的,可每当我看到年龄栏上的'30岁'时,就会心里发紧,甚至是有点儿难过,就是那种'天哪,我竟然30岁了,我好老啊'的感觉。"

我很认真地回了一段话:"你来到这个世界才30年,在前20年里,你不能随便恋爱、花钱,不能喝酒、开车,不能夜不归宿,不能到处玩,而是要背好多单词,做好多卷子,考好多试。所以醒醒吧,现在的你简直就是人生花园里刚刚绽放的花朵。"

我知道,很多人其实并不想长大,只是没办法继续当小孩子。

但我想提醒你的是,每个人其实都有两个时钟。

一个是社会时钟。比如,你6岁上小学,12岁上中学,23岁大学毕业,然后找一份稳定的工作,30岁左右结婚生子,65岁左右退休领养老金。从出生,到学习,到工作,到生育,到衰老,什么年龄就做什么事。

另一个是你的个人时钟。它跟年龄无关，只和你的体验有关。比如，最近想搞钱，就没日没夜地拼命努力；最近想旅游，就坦坦荡荡地去玩个够；最近想谈恋爱，遇到合适的就猛扑；最近享受单身，那就离人群远一点儿。从生活，到工作，到感情，到感受，怎么开心怎么活。

年龄不是问题，只要你做着自己喜欢的事情，每天活得有滋有味，那么 20 岁跟 40 岁没什么区别。

长相也不是问题，眼睛不够大、鼻子不够挺拔、皮肤不够白、身材不够苗条、身高不够出众，都没关系。人没有缺点，只有特点。要试着接受自己的与众不同，而不是执着于争取那些浮在表面的、虚张声势的美丽。

如果你有容貌焦虑，就提醒自己："过了 30 岁就好了，因为在漏洞百出的人生里，容貌问题根本就不值一提。"

如果你有年龄焦虑，就学习自嘲："不用愁老之将至，我老了也一样招人烦。"

如果你对生活焦虑，就反复念叨："人生就是，急也没用。"

如果你对未来焦虑，就经常鼓励自己："上天为每只笨鸟，都准备了一根矮树枝。"

如果放轻松，你会觉得一切都易如反掌；如果太紧绷，你会觉得一切都像是巴掌。

一个小女孩拿妈妈的手机去小卖店买零食，结账的时候才知道需要扫妈妈的脸，而妈妈又不在身边，再加上小卖部里有两个大人在起哄，小女孩急得直抹眼泪。

小卖店的老板娘站了出来，她先是把那两个起哄的大人撵了出去，然后蹲下来很温柔地对小女孩说："这是很小很小的问题，我们把它解决就好啦。"

小女孩沮丧地说："妈妈不在，我付不了钱。"

老板娘说："这是很小很小的问题，你可以把店里的二维码拍下来，回家让妈妈付钱。或者，你把零食拿回家，再从家里拿现金过来。问题是不是就解决了？"

小女孩笑着点了点头。

老板娘问："你刚才哭了，是不是因为那两个大人说你？"

小女孩说："是的，他们在嘲笑我。"

老板娘说："你下次可以对他们说，这是很小很小的问题，我把它解决就好了，请你们不要说我，再说我就生气啦。"

其实很多事情都可以用到这句话："这是很小很小的问题，我们把它解决就好了。"

如果这次不会，那下次就会了；如果自己不行，那找人帮忙或者跟人学习就好了。无非是需要一点儿时间，会有一些波折，而已。

人最大的消耗不在于做了什么、付出了多少，而是没完没了地跟自己对抗，然后陷在焦虑的情绪里。包括但不限于：不接受已经发生的事情，反复批评不够好的自己，以及深陷在对困难和未知的恐惧中。

结果是，任何一点儿风吹草动，都会激起情绪上的波澜。一天下来，就算什么都没做，整个人也会觉得疲惫不堪。

焦虑的过程，就像是用一把勺子，慢慢将自己掏空。

那么，如何减少焦虑呢？这里有7点建议：

1. 拥抱不确定性。

很多时候，你没有做错什么，但你还是会经历一些不好的事，会遇见一些不善的人，和这些"不确定性"相处，是我们一生的功课。

所谓大人，就是明白这个世界总有一些事情是随机发生的，就是知道根本就没有"一劳永逸"这种事情。

借爱比克泰德的话说就是："对于不可控的事情，要保持乐观；对于可控的事情，要保持谨慎。"

2. 明明白白地"卷"。

"卷"的精髓是：让优秀的地方更优秀，让不行的地方及格就行。将不擅长的地方拼命卷成"良好"，那也不过是平庸而已，平庸意味着没有竞争力，意味着徒劳无功。

所以，要迅速摸清自己的长板在哪里，然后扬长避短，而不是方方面面都力争良好,那结果自然是白白累死了可爱的你。

3. 增加选择权。

失去这个机会,就没有下一个了,你当然会紧张,会焦虑;但如果错失了这个,还有下一个、下下一个,你在心态上自然会从容很多。日常生活中、工作中、社交中,升级你的口才、德行、内涵、形象,以及工作技能,都是在增加选择权。

4. 把焦虑具体化。

比如你很担心钱不够用,你可以具体计算一下,手里的钱最多还能撑多少天,自己现在有哪些进项,有哪些周转的办法,有哪些可行的计划。

具体化以后,你就把注意力从问题上转移到了解决问题上,你的焦虑就可能从悬浮状态降落到地上。

5. 不要提前担心。

很多人都是为将来活着。上学是为高考准备,上大学是为找工作准备,找工作是为结婚、养老准备……结果是,一遇到困难就自己吓唬自己:"哎呀,我以后该怎么办呀!"

更有甚者,因为担心未来被人抓住把柄,所以每天都活得谨小慎微;因为担心明天给不了家人更好的生活,所以现在稍微休息一下就觉得自己有罪;因为担心以后没办法在一起,所以现在不敢坚定地选择那个喜欢的人……

6. 少跟人纠缠，多看大自然。

山河湖海不会让你 24 小时回复"好的，收到"。

路边的小花也不会半夜 12 点说它想结西瓜，让你想想办法。

天边的云彩也不会跟你画大饼，说"好好干，年底给你涨工资（涨一岁）"。

7. 正确地看待"焦虑"。

焦虑不是恶魔，也不是敌人，它更像是一位过度保护你的朋友。因为它曾经看到你受了伤害，所以想护你周全。

不要带着偏见去看待焦虑，也不要给它冠上恶名。你只需向它证明"我已经强大到可以处理好事情，可以保护好自己"，这就够了。

人生就像走在一条从来没有走过的小路上，每个人都只能是：边走，边看，边做决定。

焦虑永远无法消除，但不影响你继续前进。所以，你不用现在就知道人生的归处，也不用一下子就看到人生的去处，更不用在此时就想着怎么解决人生之路上可能出现的种种麻烦，你只需看清你周围一两百米。

- 5 -

因为从小就被教育"吃得苦中苦，方为人上人"，所以你参加了一轮又一轮的"争当人上人"的游戏。

你害怕被淘汰,你害怕被比下去,但这种游戏只是在消耗你,并不能成就你,就像挂在拉磨的驴眼前的那根胡萝卜,只是为了让你没完没了地跑,不是给你吃的。

生活在这种由恐惧驱动的环境里,很多人活得像是一种耗材。这导致很多人的通病都是"急功近利",总盼着自己能像战斗机那样一飞冲天,却忘了自己实际上只是一辆小汽车,狂踩油门并不能让你飞起来,只会让你在距离起点不远的地方爆缸。

但是,如果小汽车用合理的驾驶方式前进,跑个几十万公里是完全没问题的。

就像日剧《我们由奇迹构成》里那句台词说的那样:"乌龟完全没有在努力,它对竞争和胜负都没有兴趣。乌龟只是在享受向前走这件事情而已……为了享受这个美妙的世界,乌龟一直在埋头前进。在乌龟的世界里,兔子几乎已经不存在了。"

我的意思是,这个世界比你努力、上进、成功的人多的是,但这不应该成为你必须成功的理由。

你要做的是,从仓鼠笼里的转轮上跳下来,暂时不想改变世界,暂时不想进任何榜单,而是认真思考"我想要什么",反思自己当前渴求的东西到底是因为"别人都有,所以我也想要",还是因为"我很喜欢,所以想放手一搏"。

事实上,我们都不知道明天会发生什么,会遇见美好,会途经低谷，会手忙脚乱，会左右为难，会辗转反侧，会痛不欲生，但你要记住：真正能困住你的，是你自己的恐惧、焦虑、猜忌、想象，并非现实。

最后，祝你花期不远，祝你花期漫长。

16 关于分手：
凡是过往，皆为序章

- 1 -

不要动不动就说"离开我，你会后悔的"。拿别人根本就不在乎的东西去威胁别人，会显得很好笑。

不要动不动就强调"你这么做，对我不公平"。感情本就没有公平可言，深爱的一方都是弱势群体。

不要动不动就强调"我那么爱你，我对你那么好"。一个缺爱的人疯狂地给从来不缺爱的人献爱，像极了一个穷光蛋在给亿万富翁捐款。

不要动不动就搬出以前的承诺和誓言。世界上最卑微的控诉莫过于说出那句"你答应过我的"。

希望你早日明白：爱过和瘦过一样没用！

- 2 -

妮子刚刚结束了一段"很拿得出手"的恋爱。那是一位很帅的男生,他的手机壁纸是妮子的照片,锁屏密码是妮子的生日,社交软件上也总发两个人的甜蜜日常。他会带妮子去认识新朋友,会为了妮子删除朋友列表里所有异性,会秒回妮子的消息,会每天对妮子说"我爱你",会在凌晨起床给肚子饿了的妮子煮面吃……

然而,在跟妮子提分手的第二天,男生就高调宣布了新恋情。

妮子给我发私信,说她不能理解,也无法接受。

她说前天夜里没忍住,给男生发了一句:"我好几天都吃不下饭,瘦了20斤。"她本想通过卖惨来让男生关心自己,结果男生秒回了两个字:"真牛。"

妮子不知道怎么接这句话,她一整晚捧着手机,反反复复地盯着这两个字,恨不得把屏幕盯出一个窟窿来。

妮子说她最近给男生的游戏账号充了很多钱,只求男生能够像往常那样带她打游戏;还给男生送了很多好吃的,甚至大半夜起来帮男生抢演唱会的门票,只求男生不要拉黑她。

她说她知道男生是隐藏得很深的渣男,可就是忍不住想和他还有交集。她说她心里跟明镜一样,可心脏却像是被手攥着那样一阵阵地痛。

我宽慰道:"如果一件事在结束时让你悲痛欲绝,那么你在这件事中的经历一定美妙动人。"

妮子:"你说他是怎么做到在对我好的同时,又神不知鬼不觉地爱另一个人呢?"

我:"喜欢一个人是藏不住的,喜欢两个就好了。"

妮子："既然他有喜欢的人了，为什么还一直对我那么好？"
我："在拿到赎金之前，绑匪也会给你饭吃。"

妮子："为什么我明明知道他很渣，还是想对他好呢？"
我："有什么敌得过心甘情愿？有什么蠢得过自欺欺人？"
妮子："那我现在该怎么办？"
我："你直接买张机票，去四川，然后打个车，去乐山，那里有一尊大佛，你过去，让那尊大佛挪一下位置，你坐上去。"

我想说的是，你不能靠对别人好，来让别人对你好；也不能用爱他，来让他爱你。残酷的事实是，你对一个人付出越多，只会让你更爱他，并不能保证让他更爱你。

他只是喜欢"你对他的好"，而不是喜欢你的"好"。你只是偶尔"被需要"，从来没有"很重要"。

分手之所以让人痛苦，是因为分手不仅仅是跟那个深爱的人分手，也是在跟过去的那个"被爱的自己"分手。

有时候，你不愿意放下那个让你痛苦的人，是因为这个人曾让你感觉到幸福，或者憧憬过未来。

但我想提醒你的是，比干脆利落地分手更痛的，是拖泥带水地耗着。所谓"割舍"就是，疼但正确！

所以，不要把爱意浪费在糟糕的人身上，要尽可能多地爱自己。如果你心里充满了爱，你就不会拿着乞丐的钵去求别人填满。

不要将"不爱"视为"需要磨合"。你们这样并不是磨合，因为只有你一个人在磨损，而他还是像认识你之前那样棱角分明。

怕就怕，你信仰神明，你研究星座，你在每一个许愿池前祈祷，就是不信他不爱你。到末了，你怪那神明不讲究，怪那星座不准，怪许愿池不灵，就是不怪他骗你。

怕就怕，你一边大喊着"要翻篇"，一边又偷偷地折了个角。

- 3 -

刚看到一个问题：你是因为哪句话决定不再纠缠的？

我突然想起了某某当年对我说的那句话："要不你跟别人讲，就说是你要跟我分开的，你提的分手。"

我一下子就释怀了，一是因为她真的好善良，二是因为这场"事故"，她宁可担负全责，也不想再跟我掰扯，就是让我离开这件事，她起了善心。

那天，我没有像电影里的男主角一样发疯，天气也没有像电视剧里那样突然就下起瓢泼大雨。

那天很晴朗，而且无风，傍晚还看到了超美的晚霞。

人好像都差不多，在丢了一样东西之后，就会变得不爱说话了。

我把自己关在房间里，把手机里所有关于她的照片全都删了，把社交软件里所有关于她的动态全都删了，把所有和她有关的密码也全都改了，把所有能联系到她的方式全都拉黑了，把所有我写给她的句子全都清空了。

同时删掉的还有社交软件的聊天记录、看不懂她说的话时的搜索历史、一起吃过饭的餐厅的好评,以及那份录了很久的、不断更新的、被我们命名为"要永远在一起"的视频。

我后知后觉地发现,爱意本就瞬息万变,"永远"只是一个助兴的词。

我们用非常体面的方式分开了,没有谩骂和指责,没有拉踩和诋毁,也没有辩解谁的过错更多,而像是达成了一种共识:我们都挺好的,只是不顺路了。

几年后的一个冬天,我接到了一个陌生号码,是她打来的,她说有同学聚会,问我去不去,我说有事去不了,然后就挂断了。

又过了几年,路过她所在的城市,她说请我吃饭,我去了,我们俩全程都在夸那家饭店的菜好吃,吃饱喝足了,简单地说了句"拜拜",然后像真的会"明天见"那样告别了。

后来有人问了我一个好玩的问题:如果有人把你带到一个地方,那里有你曾经失去的所有东西,你最想找到的是什么?

我回答说:"我只想知道,我最想找到的东西是不是也会难过地想要找回我。如果不想,那说明我和它的这场'互相失去',于它而言是件好事,我就会恭喜它失去我。"

感情问题不是"爱不爱"的问题,也不是谁对谁错的问题,而是单纯的"不合适"。一开始两个人相互吸引,就误以为对方是同类,却忽略了出身、认知、阅历、消费水平、社交习惯、生活方式的极大不同，所以相处越久，矛盾就越多，即便再小心翼翼，感情仍然会渐行渐远。

所以，不要用"不够爱"来解释所有问题，也不要觉得"足够爱"就能解决所有问题。如果什么事都只凭爱意就能解决，那感情世界就不会有这么多问题无解。

如此说来，很多遗憾并不是真遗憾，而是尚未被确认的"不合适"。

我很庆幸我们能够如此体面地分开，尤其是当我目睹了很多极不体面的分手。

比如说，A在朋友圈大肆曝光对方的隐私照片，B跑到对方的公司去宣讲对方的陋习和丑闻，C为了一只猫、一只狗跟对方闹到了法庭，D在对方婚礼现场大哭大闹，甚至惊动了警察，E曝光了对方的病历本，还逢人就说对方罪有应得，F隔三岔五就在同学群里怒斥对方的人品……

从最初的无话不说到最终无话可说，爱过，感动过，也争取过，这就够了。往后余生，不主动提起，不暴露隐私，不恶语相向。毕竟人生这么长，两个人能不能在一起、能不能走到最后，已经不是最重要的了，最重要的是，当这段感情尘埃落定，再遥想当年，还能有闪闪发光的地方让人念念不忘。

最好的分手方式大概就是，虽有不舍，但仍然以礼相待；虽有遗憾，但仍然相信爱情；虽然不再同行，但仍然能够一个人精彩。

感情的真相是，喜欢的时候是真的喜欢，不喜欢的时候也是真的不喜欢。所以，不要在相爱时找不爱的证据，也不要在不爱时找还爱着的痕迹；不要在还喜欢的时候去想象"万一不喜欢了怎么办"，也不要在不喜欢的时候去怀疑"曾经的喜欢是不是装的"。

- 4 -

一个男生喝醉酒了，突然对女友说："我很后悔跟你在一起，我喜欢的是我的前任，可是没有机会了。"

选择了在一起，却又满心是嫌弃，这从本质来说就是，他自身的硬件和软件都不足以拥有一个各方面都满意的对象，只好找个不满意的来撒气。

你可能会奇怪：既然不喜欢，为什么不提分手？

因为他不想当坏人，所以在想办法找一个"这不能怪我"的理由。

因为他想给自己的感情留条后路、留个备胎，所以想方设法地藏着掩着。

因为他怕伤害到你，所以有些真话刚到嘴边就被吞回去了。

因为他对你从来没有讲过真心话，就像当初的表白和婚礼上的誓言也都不是真心的一样。

因为你们俩根本就没有爱情，只是担心找不到更合适的，所以只能互相嫌弃地待在一起。

因为你从来没有问过他"你喜欢我什么"，当然了，即便你问，你也问不出实情，因为他随便也能编几条出来。

一段感情最糟糕的结局不是分手，不是欺骗，不是互撕，而是让你陷在自卑里，怀疑自己"是不是哪里做得不够好""是不是不如别人""是不是不值得被爱"。

你会心寒，让你心寒的不是他的长相、家境、收入，而是你在他身上看不到真诚和尊重，看到的不过是他一时的寂寞，是他伪装出来的人设，是他带着目的的接近，是他无意间流露出的嫌弃。

而他选择你的原因，不是他基于对你的了解而产生的心动，而是因为你长得还凑合，看起来挺懂事，家境也还行，总的来说是个"不错的婚恋对象"。

分手后，你会试图用曾经的美好来证明对方是爱自己的，然后分析原因，然后谴责自己不够好，最后陷入深深的自我怀疑中。

比如说：

我早就知道自己的脾气不好，为什么没有在对方第一次提出的时候就调整自己；

我早就知道自己在爱情里黏人，为什么没有在对方想静一静的时候就察觉自己；

我早就知道自己在感情里控制欲超强，为什么没有在他抱怨的时候就反省自己。

结果是，你一边对过去的自己全盘否定，一边对远去的别人难舍难分。

听我一句劝吧：请那些差点儿意思的人带着他那短斤缺两的爱

赶紧滚蛋。无论这个人值不值得原谅，你都值得还给自己一个平静的人生。

不要什么事都从自己身上找原因。一生的辗转里，有些人的出现只是为了调整你，本来就不是为了留下你。

不要因为没能在一起就怀疑这段感情的意义。没能走到最后，也许是好事。老天庇护我们的方式之一，就是避免更坏的事情发生。

不要为了这么一点点的爱情就变得可怜巴巴的，要多和能让你变得珍贵的东西在一起。比如一部电影、一双鞋、一次旅行、妈妈做的饭、爸爸讲的笑话、朋友的问候、宠物的呆萌。

不要自我牺牲。他对你好，你就对他好；他对你不好，你就对自己好。满意就勇敢，不满意就换，怎么灿烂怎么闪。

也不要再回头看，谁都不会是原来的样子。如果对方不再投入了，你是有责任放弃的。

所以我的建议是：

1. 要将风险前置。

恋爱也好，婚姻也罢，要尝试让分歧尽可能早地暴露出来，要敢于讲真心话，敢于维护自己的边界，而不是唯唯诺诺地躲避或讨好。

2. 要主动核实。

但凡心动了，就有必要去核实对方的感情状况。离婚的请提供离婚证，丧偶的请提供死亡证。

3. 要相信自己的直觉。

比如，一旦产生了"我受不了他"的感觉，就马上远离；比如，一整天不说话不一定有事，但三天不问候一定有问题；比如，不公开的恋情，很可能是在给别人机会。

希望你早日明白，有的人啊，远看是灯塔，靠近是悬崖。

- 5 -

电影《分手大师》里面有一句很经典的台词："上帝很忙，他只教给每个人怎么恋爱，却忘了教大家怎么分手。"

所以很多人都选择了非常错误的分手方法。比如突然告诉对方自己喜欢上别人了，比如故意打压对方，指责对方，故意找碴儿，故意制造冲突，为的是逼对方主动分开；又比如使用冷暴力，用敷衍的方式让对方寒心。

感情最残酷的地方在于，在一起是两个人的事，需要两相情愿才能确定关系。而分手却是一个人的事，任何一方想要分开，关系就很难维系。

一段感情，只有两个人"同时互相不喜欢"，分手才不会产生伤害。否则，只要爱过，伤害就必然出现。

那么，当你不爱了，怎么提分手才能将伤害降到最低呢？

1. 考虑清楚。

不管是因为出轨、性格不合、追求不同，还是单纯地因为腻了、不爱了，分开的必要条件只有一个："我不想继续了"。

2. 正式道别。

你们可以当面说，可以视频说，可以留言说，但不要避而不谈，不要丢下一个模糊不清的理由然后消失不见。不管是出于对彼此的尊重，还是出于对过去这段感情的尊重，分手需要一个正式的道别。

3. 干脆利落。

成熟的分手方式是干净利落，任何的心慈手软和藕断丝连，都会给被分手的那个人造成"我还有机会"的幻觉。表面看是保护，实质上是伤害，你以为是站在对方的角度考虑对方的感受，但实际效果是在对方的心里挖了个洞，你走远两步又回头撒一把盐。

其实吧，很多伤害原本只是一次性的，可两个人来回地拉扯，让那份破碎的爱变成了一把锋利的锯子。

4. 要讲清楚。

没有什么比模糊不清的分手理由更伤人的了。你不必违心地说什么"我配不上你"之类的鬼话，你诚实讲出理由就好了。比如，我们的人生追求各不相同，我们的消费习惯差距太大，我们对彼此越来越没有耐心，这是深思熟虑的结果，不是一时冲动的狠话，或者我对你没有感觉了，对这段感情也没有感觉了，放心，没有第三者。

每个人都是自由的，不爱了，就好好告个别；回不去了，就往前走。怕就怕，明明早就不爱了，还偏要留在别人身边，然后装作很深情、很甜蜜的样子，那才是真恶心。

5. 保持体面。

这里的"体面"，不是单纯的"你做错了事，我不戳破，我给你瞒着"，而是从恋爱之初就很体面。不互相窥探隐私，不拍、不存对方的私密照片。就算最后分开了，也会大方地祝福彼此。

嗯，祝福也是决心要遗忘的意思。

- 6 -

成年人的世界应该是果断又干脆的，不耽误别人，不消耗别人，不浪费别人，但也不磨损自己。

所以关于"分手"这件事，希望你能明白这6件事：

1. 吵架是不会把相爱的人吵散的，击败感情的从来不是某个具体的问题，而是误会接着误会，冷战连着冷战，是彼此失望时的无法沟通，是情绪上头时的恶语相向。当脾气上来了，两个人都忘了对方有多珍贵。而失望就像感情的零钱罐，早晚会攒够离开的车票钱。

2. "不会哄"和"不想哄"是两码事，"不爱说话"和"没话说"也是两码事。

"需要你"和"你很重要"是两码事，"很爱你"和"爱过你"也是两码事。

3. 判断一份感情适不适合自己，你可以追问自己几个问题：他是否让我成了更好的自己？在他身边时，我是否感到舒服？跟他在一起，我有没有成长？我愿意跟这个人吃一万次晚饭吗？

成长就是，再也不会为了喜欢的鞋去忍受磨脚的痛苦了。

4. 频繁地诅咒前任，不是因为前任罪大恶极，而是因为自己过得不好。

自己过得好，哪有闲工夫去关心前任的死活？自己过得不好，才会满腹"痉挛"，才会将自己此时的糟糕怪罪于对方，同时盼着对方遭报应。

5. 你其实没有你以为的那么深情或长情，你表现出来的念念不忘或恋恋不舍，只是一个瞬间，只是一种错觉，过一阵子就风过无痕了。

事实上，很多情侣压根儿就不熟，抛掉身体的本能冲动和一时的好感、夸张的想象，可能连普通朋友都做不长。

那么问题来了，你既不了解对方，也不理解对方，却表现得"离开这个人，我就活不了"，是不是很滑稽？

你说"我的命都可以给他"，可问题是，你的命又不好，为什么要把不好的东西给别人呢？

6. 不要指责别人狠心。如果你知道一个人曾经因为感情的事情有多难过，如果你知道一个人花了多长时间才恢复了平静，你就会明白为什么他后来在新的感情面前会那么纠结，为什么他对"允许别人进入自己的生活"那么挑剔。

是的，每一个决定离开的人，都曾在风里站了很久。

最后，祝我们既有爱一个人的能力，也有离开一段不健康关系的勇气。

17 关于努力：
世界请别为我担心，我只想安静地再努力一会儿

- 1 -

人为什么要努力？

因为我们除了努力，已经没有别的筹码了。

因为我们还有想要的东西，还有想达成的愿望，还有想保护的人。

因为我们不甘心这辈子就这样了。

因为我们想要渐入佳境而不是一直原地踏步，因为我们想要身心安顿而不是一生都在颠沛流离。

努力可以赶走"我本可以"的悔恨，可以减少"如果当时怎么样就好了"的遗憾，可以给你"我已经尽力了"的豁达。

努力可以获得选择的权利，包括选择喜欢的事情、喜欢的生活方式、喜欢的圈子。还能为你提供拒绝的权利，包括拒绝不想做的事、不喜欢的生活方式、不想凑合的关系。

努力可以让你看到更大的世界，接触更厉害的人，以及更自信地面对喜欢的人；可以提升你对生活的掌控感，不会在受了排挤或羞辱时还委曲求全，不会在被裁员或被孤立时手足无措，不会因为

几块钱的事情就跟人斤斤计较，不会因为错过了某个机会就认定自己这辈子都翻不了身。

我们的每一次努力，都在增加我们面对这个世界的底气，都在提升我们作为游客在这人间的体验。

怕就怕，你本该有光明的前程，也列了一大堆足以改变命运的计划，只可惜它们总是被推迟，被搁置，直至烂在了时间的阁楼上。

到末了，明明是努力的问题却被误以为是运气的问题，明明是勇气的问题却被误以为是时机的问题，最后再把所有的"来不及了"和"悔不当初"误以为是命运本身。

怕就怕，你胸怀大志却又整天虚度光阴，想要与人平起平坐却又终日裹足不前，对自己有很高的期待却又安慰自己平凡可贵，就这么浑浑噩噩地、随波逐流地、过一天算一天地混下去。混着混着，青春结束了，只能认输，只好认命。

怕就怕，看到工资条的那一刻，你坐在锅里都捂不热自己的心。

一个善意的提醒：不努力的话，听到的消息，都是别人的好消息！

- 2 -

想象一下，你20岁开始学滑板，一开始总是摔倒。有人嘲笑你："你也太笨了，我4岁的儿子都滑得比你好。"你嘿嘿一笑，继续练习。

练了好几天,还是经常摔跤,有人跑来教育你:"找重心,找重心,哎呀,重心都找不到,真是笨死了,你不摔才怪呢!"你嘿嘿一笑,继续练习。

几个星期之后,你终于可以平稳地滑行一小段距离了。可还是有人嘲笑你:"练这么久了,还是这么菜啊。"你嘿嘿一笑,继续练习。

几个月以后,你越来越熟练了,还学会了跳跃,嘲笑你的人不见了,教育你的人偶尔还在一边指指点点。你嘿嘿一笑,继续练习。

几年之后,你加入了滑板俱乐部,还参加了专业的比赛,拿了很多奖。俱乐部的老板把你的照片贴得哪哪都是。你的亲戚朋友开始到处讲你的传说,你成了很多滑板爱好者的偶像。

你嘿嘿一笑,继续练习。

真正努力过的人都明白:通过努力换来的,不是现实生活的一帆风顺,而是内心世界的和平安宁。

不妨回头看看自己这些年的努力成果:

曾经那个只会在教室里刷题,不敢出远门,不敢跟人打招呼,不知道怎么买票进站,不知道怎么查看导航,一到陌生地方就迷路的你,现如今已经能够从容地在一座巨大的都市里独自生活。

曾经那个连坐公交车都紧张的你,现在也能一个人拉着行李箱在巨大的人潮里独来独往。

曾经那个一吃亏、上当就懊恼自责的你,已经变得从容了很多，不会再因为错过一次航班、一件特价商品、一个机会、一个人而感到焦虑、自责、自我怀疑了。

曾经那个唯唯诺诺、又卑又亢的你，已经变得坚定了很多。你知道自己该做什么，绝不会拖拖拉拉；知道自己不必做什么，绝不会扭扭捏捏；知道自己想要什么，绝不会瞻前顾后；知道自己不想要什么，绝不会委曲求全。

当你觉得累了，不要急着放弃，要去跟困难打个招呼："喂喂喂，别走开，我休息一下，马上回来。"

不用急着长大，这个世界不缺大人；但不要停止成长，这个世界不惯着弱者。

- 3 -

有个男生给我发了一条很长的私信，大致意思是：他对这份工作已经没什么热情了，领导说什么就是什么，说怎么做就怎么做，错的也是对的，不合理也去执行；不是自己的活儿坚决不做，是自己的活儿能推就推；上班是踩点儿打卡，下班是蹲点儿打卡，绝不在公司多待一秒钟；大大小小的团建活动一律不参加，拼了命地降低存在感；在群里发言讨论的次数屈指可数，对公司的前途命运毫不关心。

用四个字总结就是：去意已决。

他说："我今天跟楼下大妈养的那只大公鸡共情了，开始理解它为什么大清早醒来的第一件事是大声尖叫。"

我笑了好半天，后来问他："你在烦恼什么？"

他说："老板轻视我，每天给我安排的都是既麻烦又没意思的事情，一工作就想发火。我实在是干不下去了，我准备去创业。可是不确定该做什么。我想先找个学哥问一问，听说他炒股赚了不少钱。有个亲戚开了一家火锅店，我也准备去看看，学习一下。实在不行的话，就去学直播带货，感觉那个很赚钱。"

我很认真地敲了一行字发给他："创业是原本就很优秀的人在原有岗位上已经不能让他充分施展才华，所以去创业，而不是单纯地不想上班或者想赚快钱。"

离职跟离世差不多，你以为自己会脱离苦海，会投胎到一个更好的地方，会过得比现在更快乐，但很有可能只是换了一片苦海。

在职场，好的待遇是争取来的，不是争来的。

"争取"意味着交换，用"我有的"来换"你有的"。而"争"只意味着"强求"，想当然地认为"我想要什么样的待遇，你就应该给我，别管我厉不厉害，有没有创造价值，你都应该给我"。

可问题是，你手里没有牌，再怎么巧舌如簧也不过是像深闺怨妇。

职场很残酷，只看结果，不问过程。结果是好的，你就是宝贝，哪怕你整天心猿意马；但结果不好，你就是渣渣，哪怕你天天都在殚精竭虑。

现实也很残酷，这个世界没有人会帮你生存，他们只会榨干你的价值，然后任由你自生自灭。

所以我的建议是：

要扎根，要把会做的事情做扎实，这远比立 Flag 或者到处吹嘘管用。

要学习，要把规律摸透，这远比找捷径或者奇技淫巧管用。

要升级，要让长板更长，这远比"一有不爽就换工作"或"一有难题就消极厌世"管用。因为你根本就逃避不了，你不过是在用一些困难去交换另一些困难，而已。

有人祝福说"你值得更好的"，但并不等于"你会得到更好的"。"更好"需要你"更努力、更有本事"才能配得上。

人生不能坐着等待，因为好运不会从天而降，即便是"命中注定"，你也要自己去把它找出来。

一个善意的提醒："若无其事"的另一种解释是，当你弱到一定程度，就没你什么事了。

- 4 -

关于职场，我看到过一段精彩的描述："职场可以简化为'凭本事吃饭的地方'，同事可以简化为'一个大锅里捞饭的饭搭子'，职场关系可以简化为'我想多捞一碗，前提是帮别人也多捞一碗'，职场原则可以简化为'我不去动你碗里的,你也别来动我碗里的,你要我帮你多捞一碗,那么你得开个合适的价'。"

那么,作为普通人该如何在职场安身立命呢?记住这5点:

1. 避免和"不高效做事"的人合作。

职场中,有相当大一部分痛苦是由"不高效做事"的人制造的。他明明有能力,但做出来的东西非常糟糕。他明明很专业,但讲出来的依据很业余。因为他有能力,而且大家都相信他的能力,所以对他寄予厚望;因为他很专业,而且做过很出色的方案,所以大家都对他深信不疑。

可是,一旦他想偷懒,或者他最近的心情不好,或者他想跟谁对着干,那么你的计划就会受挫,整个项目的效果就会极差。

2. 能力不配位和德不配位一样糟糕。

如果一个人没什么竞争力,没什么核心技术,没什么特长,也没创造什么价值,那么在职场中被轻视、被淘汰是早晚的事。

不用可怜那些因为能力弱而被淘汰的人,他们很可能只是习惯了享受"铁饭碗"而无视了竞争,只是安逸太久而忽略了保持竞争力。

3. 工作的地方最适合做的事情只有工作。

不要有"我一定要交到朋友"的想法,不要因为看到别人优秀就想着讨好,也不要因为不合群就刻意逢迎。很多职场里看似亲密的关系,一旦产生了利益纠葛,瞬间就会被证明只是"豆腐渣工程"。

4. 工作和事业是不一样的。

"工作"意味着你经常需要其他人告诉你要做什么事，而"事业"只需要你告诉自己要做什么事。要找到你想花更多时间去从事的事业，而不是试图减少你花在工作上的时间。

5. 你是来赚钱的，不是来长结节的。

为什么你总想发火？为什么无心工作？为什么总想离职？是不能胜任，不喜欢，还是觉得没前途？找到问题，解决问题，无痛打工。

如果确实解决不了，而自己又暂时不想离职，那就提醒自己：忍住不发火也是工作的一部分。

嗯，年轻人一定要有自己的想法：不想运动就不要动，不想恋爱就不要爱，不想结婚就不要结，不想上班就不要想了。

不用担心你将来会被人工智能代替，一台机器需要几百万元，坏了还要花钱修，而你却可以连续通宵工作，身体不舒服会花自己的钱去看医生，请假了还能扣你一笔钱，老板为什么不用你？

也不要再说没有人爱你了。你这么年轻，工资又低，又肯加班，哪个老板会不喜欢你？

为什么有的妈妈会因为孩子弄丢了几十块钱，先是打骂孩子，然后号啕大哭？

因为这几十块钱，需要她忙碌一整天才能赚到。

为什么"宰相肚里能撑船"？

重点在于他是宰相，而不是宽容的品格。

事实是，过得好的人更容易成为好人。

成年人的努力往往都奔着一个功利的目的——赚钱。

赚得太少，生活的质量就会降低一个档次，对未来的希望也会被砍掉一大截。以前很感兴趣的东西或者事情，都会变得无感；面对他人的邀约或者表白，都会习惯性地拒绝。因为怕自己还不起，因为怕自己配不上。久而久之，你就会活得处心积虑，锱铢必较，谨小慎微。

人到了一定的年纪就该明白：亲情、友情、爱情都很功利。

诚如老话说的那样："有钱的王八大三辈，没钱的爷爷是孙子。"

钱就像水泥，可以加固我们命运的护城墙，还可以堵住别人的嘴巴。

当别人质疑你"怎么还单身？怎么还不结婚？怎么还不生孩子？怎么还不生二胎？怎么会想分手？怎么会想离婚？病了怎么办？老了怎么办？"的时候，你只需要说："我有钱啊！"

反之，没钱给人带来的是不体面，是拥挤混乱，是敏感脆弱，是抠抠搜搜，是一点儿小事都要瞻前顾后，是一点儿小错就觉得"人生要完了"。

当你的收入增加一倍，指点你应该如何生活的人就会减少一半。所以,别期望被理解,用实力去长脸。

    钱就像通往理想生活的桥梁,我们需要它,但我们不能住在桥梁上,再大的桥梁也是为了到对岸去。

    钱就像汽油,我们需要它,但我们不必住在加油站,加油的目的是享受旅途。

    钱是我们的体验券。

    到同一座城市,你乘飞机头等舱到达和坐绿皮火车到达,你住青年旅舍和住星级酒店,你自己开车四处游玩和用腿溜达,你叫专车和挤公交,你去需要买票的景点和免费的景点,你的感受、对这座城市的印象是完全不同的。

    因为你的行动轨迹、消费水平决定了你会遇到什么样的人,能得到什么样的服务,会看到什么样的风景。

    如此说来,努力赚钱的意义,不是我们需要很多钱,而是需要钱带来的自由。

    富有不是富有金钱,而是富有选择。

    比如说,游乐场里卖的气球和网上卖的气球没什么区别,但有钱的话,你就可以随心所欲地买下来,它不是什么奢侈品,也不需要巨款,但它就是有点儿小贵,别人都说不值得,但是,在人生的那个美好时刻,你能以一种轻松的心态买下这个讨自己开心的东西,那感觉棒极了。

    所以,别人都在嘲笑买椟还珠之人的愚蠢,而我更想祝你有买椟还珠的资本。

关于金钱，我也要提 6 个醒：

1. 别总是把"没钱"挂在嘴边，你不说，别人也看得出来。

2. 从现在开始，你可以把那些花在喜欢的东西和事情上的钱，统称为"精神维护费"。

3. 其实你也没花什么钱，只是因为你的钱少，所以显得花了很多。

4. 穷只是表象，贫穷是穷人身上最表面、最不起眼的缺点。

5. 大部分的贫穷都会呈现出一种病态，比如不良的生活、不好的环境、糟糕的逻辑、贫瘠的认知。从这个角度来说，努力赚钱就是在治病。

6. 就算你挣的只是小钱，它也会成为你的保障和底气。来路清白的钱、自食其力的本事，好过任何的纸上谈兵。

要永远记住，活着就得费脑子。如果不是在赚钱上费脑子，那么就得在花钱上费脑子。懒得费脑子赚钱的人，就得费脑子过日子。而残酷的现实是，过穷日子，最费脑子。

18 关于选择：
人生只有取舍，没法都要

- 1 -

你是不是经常后悔：后悔做了一些错误的选择，以致现在的生活一团糟；后悔没有主动，以致错过了喜欢的人；后悔不够果断，以致错失了绝佳的机会；后悔思虑不周全，以致造成了不可挽回的损失；后悔不够努力，以致没能过上自己想要的生活；后悔没有多花一些时间陪伴父母或者孩子，以致缺席了父母的晚年或者孩子的童年……

你是不是常常责怪自己：填报志愿那么大的事，我当时怎么就不多问问别人呢？我的大学四年都浪费了，天天打游戏，太没出息了！我不喜欢这个工作，但不干这个，我还能干什么，都怪自己太菜了。

你是不是做了很多的假设：如果当时再努努力就好了，如果当时换一个专业就好了，如果当时没来这个城市就好了，如果当时再去见一面就好了，如果当时不去这个公司就好了，如果当时没离职就好了，如果当时留在老家就好了……

人常常会误以为，没有走的那条路开满了鲜花。

为什么人生有那么多的遗憾和后悔?

因为人对失去比得到更敏感。相比于已经获得的好处,人总是会更加在意没得到的好处。比如陪伴家人和忙于事业,比如稳定和薪水,比如压力和进步。不管你怎么选择,"后悔"的理由都很充分。

人性就是这样,总是更多地关注已经失去的和永远也得不到的东西,同时极尽所能地美化已经失去的和永远也得不到的东西。

还因为你总是拿既成事实与美好想象对比,拿尘埃落定的结果去倒推没有提示的当初,于是你得出了一种假设:如果选择另一条路会更好;如果没有放弃会更幸福。

但实际上,你如今懊悔得直掐大腿的决定,在当时也是权衡利弊之后才做的决定;你回首往事觉得热泪盈眶的快乐日子,在当时也许并不像你现在认为的那么快乐。

所以我的建议是,不要因为结果不尽如人意就美化自己当初没有选择的那条路,不要用现在的生活条件去审视处处匮乏时的自己,不要用现有的认知水平去批判懵懂无知时的自己。

拿现在的见识和能力去看待从前的问题,就像一个 30 岁的人去处理 6 岁小孩的难题。就算是回到从前,你还是那个 6 岁的小朋友,你拥有的也只是 6 岁的见识和 6 岁的能力,你最终还是会做出当初的那个选择。

比如翻看上学时的书本,你会感慨:"哎呀,以前就背这么几个单词、这么一小段古文,就天天喊累,真是太差劲了。"

其实不是那时的自己差劲,而是那时的自己确实很小,你不知道那个单词是什么意思,你也不懂那句古文有什么美感,却还要硬着头皮背下来。

比如想起初入职场的糗事,你会说:"实在想不明白,服软就能过去的事,为什么我偏要死磕,那时的我怎么那么傻呢?"

其实那时的你并不是傻,而是有原则、有棱角,你只是在跌跌撞撞地寻找和这个世界相处的方法,这才有了如今的你。

站在现在的高度回望过去的自己,是为了更好地理解和接纳过去的自己,而不是为了批评自己、嘲讽自己、瞧不起自己。事实上,昨天的、今天的、明天的你,每一个都缺一不可。

- 2 -

再讲两个寓言故事。

第一个故事的主角是一头毛驴。它很饿很饿,可身边有两捆完全一样的草料,它站在中间左右为难,不知道该先吃哪一捆才好,结果活活饿死了。

第二个故事的主角是一匹母狼。它的两个孩子被两个牧童抓走了,两个牧童分别爬到两棵树上,还故意弄得小狼崽痛苦号叫。母狼站在两棵树中间,焦急地扑腾,却不知道该先救谁,结果累得气绝身亡。

是不是觉得这二位既可笑,又可悲?但其实类似的情况频繁地在我们身上上演。

比如选专业，有两个方向，一个是你喜欢的，但就业前景不明朗；另一个就业前景很光明，但你不太喜欢。

比如找工作，有两个岗位，一个钱多事多，你得放弃休息；另一个钱少事少，你得放弃钱。

比如找对象，有两个选项，一个有前途，但没时间陪你；另一个能陪你，但没什么前途。

结果是，你什么都想要，什么都不肯放弃，最后什么都没有得到。

事实上，你不是在害怕选择，而是在害怕失去。

你认为凡是选择就有对错，凡是对的就是好的，凡是错的就是坏的。而好与坏的选择又对应着职场、情场和生活上的输赢得失。

上学的时候，正确答案意味着"你好聪明啊"和"恭喜你又得了第一名"，而错误答案意味着"你怎么这么笨呢"，或者"你能不能认真一点儿"。

毕业之后，正确答案意味着更高的收入和更高的社会地位，而错误答案意味着被边缘化或者被淘汰。

社交的时候，正确答案意味着合群和被认可，错误答案意味着被冷落和歧视。

久而久之，你被驯化成了"必须找到正确答案，否则一切毫无意义"的物种，你会在潜意识里认为：任何问题都有唯一的正确答案，除此之外都是有害无益的错误选项。

比如你会认为，肤白貌美是正确的，皮肤粗糙是错误的；瘦肉是正确的，肥肉是错误的；头发多是正确的，头发少是错误的；笑是正确的，哭是错误的；幸福是正确的，痛苦是错误的；结婚是正确的，单身是错误的；生孩子是正确的，丁克是错误的；瘦是正确的，胖是错误的……

结果是，你怕老无所依，又嫌养孩子麻烦；你想得到一段稳定的感情，又担心失去自由；你渴望恋爱带来的幸福，又担心恋爱带来的麻烦。

你既怕选错，又怕错过；你既想得到，又怕失去；你既想独特，又担心跟别人不同；你既纠结于"正不正确"，又难受于"喜不喜欢"。

你一辈子都在犹豫，等到实在没办法了，就胡乱选一下，看到结局不满意，就到处哀叹"要是当时……就好了"。

我想说的是，成年人的世界没有那么多"意料之外"，基本上都是"因果报应"。现在的你是过去的你一点一点雕刻出来的，未来的你是现在的你一票一票投出来的。

事实上，每一个选择都至少包括两个方面：一是我想得到什么，二是我愿意承受什么。

所以，不要担心"怎么选才是对的"，因为怎么选都是对的，怎么选也都会有遗憾。

不要问哪个行业更靠谱，哪个职业更有前途，哪座城市更有发展潜力，对普通人来说，这些问题没有标准答案。与其纠结什么是更好的，不如找到什么是我想要的、我期待的、我喜欢的、我特别想做好的，然后坚持做下去。

不要纠结于谁能陪我走到最后，谁是对的人，和谁在一起会永远幸福，人都是会变的，与其纠结谁是"对的人"，不如选择那个我心动的、我痴迷的、我当下在乎的那个人，然后一心一意地在一起。

不要卡在"是不是""应不应该""好不好""行不行""对不对"里面，要专注于"我可以跟别人不一样""我就是想试一试""我可以承担后果""我不想听你的""我乐意，你管得着吗"。

命运给你的东西，不要轻易闪躲；命运让你失去的东西，也不要执意强求。人生只有取舍，没法都要。

- 3 -

有一期 TED 演讲的主题是"你其实不知道未来的自己想要什么"。

主讲人说他 12 岁时酷爱足球，踢球把腿都摔断了，还要强忍着走很远的路，去看一部足球电影。但如今 50 多岁了，他已经不是足球迷了，他现在喜欢的是橄榄球。

他说："这是 12 岁的我无法理解的，12 岁的我会把这视为背叛。"

主讲人又讲了女护士斯蒂芬的故事。斯蒂芬看护过很多重症病人，发现他们的生活质量极低，于是她对丈夫说："如果我哪天身患绝症，请一定不要延长我的痛苦。如果我哪天病成那样，你就一枪打死我。"

几十年后，斯蒂芬得了一种绝症——会在某一天无法自主呼吸。

当斯蒂芬被送到医院时，抢救她的医生问："夫人，要不要我们给你装上呼吸机？"

斯蒂芬说："要。"

斯蒂芬的回答让丈夫很吃惊，丈夫以为她会选择有尊严地死去。

第二天，丈夫问她："昨天医生问你是否要使用呼吸机，你说了'要'，是真的想要吗？"

斯蒂芬说："是的。"

39岁时，斯蒂芬很健康，但59岁时，斯蒂芬身患绝症。对于39岁的斯蒂芬来说，59岁的自己就像一个陌生人。

这让我想到了一些老烟民，你怎么劝，他都不戒烟，态度还特别嚣张。"不抽烟，活着还有什么劲儿？""就算真的得肺癌了，我也活够了！"

但如果真的查出肺癌了，他马上就戒烟了，医生让做什么就做什么，秒变"模范病人"。

人其实都差不多，在真正的生死关头，绝大多数人都还想"再活五百年"，就算是平日里言之凿凿，讲"真得病了也不用救"的人，绝大多数也不过是"打嘴炮"而已。

人都是这样，回看过去，总是能够清楚地看到自己的变化。但是展望未来，只会把未来的自己想得跟现在一样。

实际上，人是会变的，像手机软件一样，每经历一些事就会"更新"一次，你的想法、观念、需求也在不断改变。

比如十几岁的时候总盼着一场轰轰烈烈的恋爱，快 30 岁了却再也不吃爱情的苦；

比如上学时总是为了前途拼命苦读，毕业后却总是怀念校园里的琅琅书声；

比如曾经以为可以永远的朋友不经意间都走散了，后来无意间认识的朋友却相处了很久；

比如小时候对芹菜的味道深恶痛绝，长大了却爱得如痴如醉。

当你 28 岁时，你会谴责 18 岁的自己："那么年轻，为什么不勇敢一点儿呢？那么好的机会，为什么没有再努力一点儿呢？那么好的人，为什么没有去表白呢？"

当你 38 岁时，你又会谴责 28 岁的自己："那么糟糕的人，为什么不早点儿离开？那么多时间，为什么没有早点开始健身？那么窝囊的工作，为什么非要死守着？"

都说人生如戏，但其实每个人对自己的人生剧本知之甚少。你只是人生这出大戏里的一个角色，那个年纪的你，经验有限，认知也有限，你只有几句台词，你不知道人生这出戏的剧情走向，就算你反复推演，来回假设，你也只有那几句台词，演完了，你就得默默退场，等下一个年纪的自己上场。

到时候你能做的，还是把那几句台词背熟，把那几场戏演出彩，然后，对过去的自己说："你已经很棒了，后面的交给我吧。"

所以，不要用现在的认知和感受去看待未来的自己，过去的你很可能会崇拜现在的你，但未来的你很可能会为现在的你感到尴尬。

当你跟某某说"我爱你，至死不渝"的时候，你其实是让一个陌生人（未来的自己）去信守这个诺言，可未来的你不一定会同意，他甚至会反问你："是什么让你认为这就是我想要的？"

换言之，不要预设跟某人共度一生。

当你在社交媒体上高谈阔论，当你对不认同的观点冷嘲热讽，当你跟意见不合的人针锋相对的时候，请记得提醒自己："那个跟我唱反调的人，很可能是未来的我自己。"

换言之，要给自己留有余地。

当你告诉自己"我不行""我没有那个本事去创业""我都这么大了，没机会再去学一门语言""我不敢结婚，我不会照顾人"的时候，你得明白你真正的意思是："我今天没有能力做那些事情，但并不意味着我明天没有能力做那些事情。"

换言之，不要急着下定论。

- 4 -

有一个好玩的问题：假如遇到了从前的自己，该对他说点儿什么？

有个高赞回答是："那头犟驴能听进去什么呢？"

是的，结婚，你会后悔；不结婚，你也会后悔。

友善待人，你会后悔；不友善，你也会后悔。

信任一个人，你会后悔；不信任他，你也会后悔。

人们所做的绝大多数反思或者调整，只是在修正他们最近发生的那次"不及预期"，跟"正确"的关系不大。

关于选择，希望你能想清楚这4件事：

1. 不要将"永远"和"成功"捆在一起。

比如你开了一家咖啡店，这给你带来了很多快乐，但随着经营成本的提高和经营压力的增大，你最终决定关掉这家店。外人对此的评价是：开店失败。

比如你和某某结婚，某某满足了你对婚姻的美好想象，但后来感情变淡了，又发生了一些矛盾，最后你们俩决定离婚。外界对此的评价是：失败的婚姻。

美好的事情确实是结束了，但这并不能改变"它曾经美好"的事实。你可以难过，可以追忆，但不要否认它。

某一刻心动了，某个瞬间超喜欢，当时愿意，这就够了。

这一生，能找到几件让自己快乐且想做的事情，能遇到某个让自己心动且欢喜的人，这本身就是一种幸运。

更幸运的是，你的快乐是因为过程，不是因为结果。

2. 有的后悔只是一种错觉，你并不是真的在后悔什么。

比如说，本来觉得不怎么样的恋人，当你彻底失去了，你会觉得可惜；

本来不太喜欢的玩具，当你发现再也找不着了，你会觉得可惜；

本来不合你的胃口的水果蔬菜，等你发现过期了，你会觉得可惜。

但如果他们原样出现在你面前，你依然是不喜欢，不珍惜。

3. 你不是生活的受害者，你是生活的创造者。

你永远都有选择。你可以做任何事，比如把衣服反着穿，跟错误的人约会，选择不适合自己的工作，如果你愿意，你甚至可以吃土……不管你打算做什么，都不会有人阻止你，宇宙也不会弹出类似于"你确定吗"这样的窗口。

你永远都在做选择。当你告诉自己"我不行"时，当你待在一个没前途的职位上混吃等死时，当你用拖延来逃避时，你其实就是在做选择。

是的，改变是一种选择，不改变也是一种选择。

4. 漫漫人生路，不及预期是常有的，悔不当初也是正常的。

"要是当初……就好了"，背后隐藏的观念是"没有走的那条路会更好",但实际上每一条路都有人在后悔。比如你问"什么专业千万不要学",你会发现几乎所有的专业都榜上有名。

所以,不要用过去的诸多不幸来解释现在的驻足不前,而是要认真思考,要亲自决定下一秒的自己该成为什么样的人。

如果你对曾经的某个选择感到后悔了,可以试着反思一下:是不是把没有走的那条路想得太好了?在当时的情况下,是不是有能力、有机会、有资格做别的选择?你后悔的这个选择,真的一无是处吗?

为了尽可能地减少后悔情绪,我再提 4 个你爱听不听的建议:

1. 做选择的时候,把你想要的、想规避的和愿意承受的,统统写下来(一定要写,而不是想),假如将来后悔了,就拿出来翻一翻,非常有用。

2. 再三跟自己确认"我不想要什么",如此一来,即便那个选项好处很多,你也坚决不选。即便"条条大路通罗马",你也可以选择"不想去"。

3. 想一想自己得到了什么。比如说,你后悔进入某个行业,但这份工作让你认识了新朋友;你后悔爱上某个人,但这份心痛让你学会了爱自己;你后悔放弃了儿时的梦想,但这次失去让你知道什么更重要。

4. 反复提醒自己:当下就是上上签。过去发生的一切,不论多么荒诞不经或多么悔恨难平,都是你在当时的心智和认知下,在当时的已知条件下，综合判断做出的最合理的选择。

不要沉溺在消极的情绪里，当一杯牛奶打翻了，再倒一杯就好了。不要成为你过往的囚徒，那只是一堂课，不是无期徒刑。

PART Ⅳ

这世界就是一个巨大的草台班子

所谓祛魅，就是消除对完美的盲目崇拜，停止对权威的盲目顺从，清除对仰望的人、得意的事、喜欢的物的美颜和滤镜，不再高估别人的美好，不再装腔作势地活着，也不以偏概全地看世界。

19 关于婚姻：
婚姻不是洪水猛兽，也不是福地洞天

- 1 -

不知道从什么时候开始，"婚姻"这两个字越来越沉重。未婚的用"不婚主义"和"单身贵族"来反抗婚姻，已婚的用"围城"和"坟墓"来嘲讽婚姻。

为什么婚姻带来的不是"幸福"，而是"委屈"？

因为很多人并没有嫁给或者娶到自己真正喜欢的人，只是退而求其次，像完成某个任务一样，随便找了个差不多的人凑合过日子。

因为结婚之前，你以为生活是琴棋书画诗酒花；而结婚后，你发现生活是柴米油盐酱醋茶。

因为结婚之后，两个人的"付出"都被家庭琐事、房贷车贷、老人孩子、误会争吵消耗了。"两个人挣钱一堆人花"的感觉当然不如"一人吃饱，全家不饿"。

因为媒体给女人推送的内容是"不结婚，芳龄永继"，给男人推送的是"不结婚，仙寿恒昌"。

因为两个人都觉得自己是婚姻的受害者，都只看到自己的付出和委屈，却无视了对方的付出和委屈。

他没时间陪你，你觉得委屈，但他忙得不能按时吃饭，还要在酒桌上端着酒像孙子一样挨个儿敬，也很委屈。

你忙了一天回到家发现没饭吃，觉得好委屈，但她哄了一天娃，还有一堆衣服要洗，也很委屈。

因为很多人在潜意识里认为结婚就应该是幸福的，一旦婚后不如意，自然就会满腹牢骚。

就像参加抽奖，你觉得自己倾尽所有就一定能抽中大奖，但开奖结果一直是"谢谢参与"，心态自然就崩了。

因为婚姻实在是太复杂了。鸡毛蒜皮，收入，生养孩子，原生家庭，各自情史……在婚姻里不是只有你们两个人，还有各自的父母、兄弟姐妹、亲戚朋友……你很难兼顾所有人的感受，也很难满足所有人的期望。

因为有些人习惯了抱怨，他们只是习惯性地强调婚姻带来的麻烦，却对婚姻带来的好处闭口不谈。

就像有的人选择了清闲的工作，就抱怨工资低，但他们很少提及上班悠闲、压力小。

就像有的人买了市中心的大房子，总是抱怨房贷高、物业费贵，但他们很少说物业服务好、生活方便。

因为委屈是某些人生活的"主旋律"。不管是在家，在学校，在职场，在社交，在感情中，也不管是8岁、18岁，还是88岁，只要活着，他都觉得自己委屈。

即便他不结婚，没有另一半，他也会因为"谁谁去旅游了，但我去不成"而委屈，会因为"没地方停车"而委屈，会因为"别人比我长得好看"而委屈，会因为出租车司机不能飞过拥堵路段而委屈。

因为有的人常常误将"事情"跟"自我"捆绑在一起，一旦另一半否定了自己的观点或努力，就觉得对方是在否定自己。

比如说，你做了一桌子菜，他尝了一遍，赞不绝口，但吃到茄子的时候说了一句"这个有点儿咸"，你瞬间就不高兴了，"我辛辛苦苦，你居然讲这种话""我的付出毫无意义""我好委屈"。

因为人性就是不知足的，嫁给穷人，会愁没钱；嫁给富人，怕他花心。娶漂亮的，怕她被人惦记；娶踏实的，又瞧不上她的颜值。

因为相处的时间久了，激情淡了，心也累了。谁在席终人散以后，食欲还像刚入座时那么旺盛？哪匹马在漫长的跋涉之后，还能像刚启程时那般神采飞扬？

因为很多人对伴侣的要求太高了，他们把自己做不到、得不到的，统统寄托在伴侣身上。

自己活得死气沉沉，却盼着对方能驾着五彩祥云过来拯救自己，让自己暗淡的生活马上变得七彩斑斓，让空洞的灵魂变得生机勃勃。

自己过得既不开心，又没意思，却希望对方能给自己带来十足的安全感和快乐。

自己的脾气大，看不上这个看不上那个，却希望对方能接住自己所有的坏情绪，时时事事都哄着自己，顺着自己。

自己一个人的时候摆烂、躺平，却希望对方上进又自律，既会赚钱又养家，把全部工资都给自己花。

一旦对方不能满足自己的要求，就觉得委屈："唉，我怎么就瞎了眼看上了你。"

还因为，你没有你想的那么好相处，而你又不愿意承认这一点，所以你就怪婚姻。假如不结婚，那"过得不好"就只能从自己身上找原因。

于是，你说是婚姻的问题，是生孩子导致的生活一团糟，是婆婆导致的家里乌烟瘴气，是伴侣变得没那么爱自己了……总之一切都跟你无关，你只是受害者。

如果，我是说如果，如果某天，遇到某人，你觉得与他一起生活，胜过你自己独活，那就与他结婚。但如果这份勇气换来的只是怨气，那也要劝自己想开，毕竟，每个人都有自己的报应。

- 2 -

有两组对话，特别好玩。

第一组是在餐桌旁。
女："你拎着锅干吗去？"
男："把它扔了。"
女："为什么？"
男："用它烧的菜太难吃了。"

第二组是在卫生间里。

女："马桶里的尿是留着有什么用吗？"

男："没用啊。"

女："真的没用？"

男："没用。"

女："那就好，我以为你留着有用呢。一不小心给冲了，吓死我了。"

男："啊，冲了是对的。"

女："该冲啊，那我没冲错哦？"

男："没错没错……我以后记得冲马桶。"

女："行，那你以后自己冲，要不然我都不敢碰你的东西，我怕你怪我。"

男："不怪你，怪我，我以后一定记得冲。"

关系和谐的夫妻都有一个共性：一定有一个"大度的人"或者"善于解决问题的人"。要么是女方不和男方一般见识，要么是男方不和女方斤斤计较。

难怪有人说：两个太精明的人，婚姻是很难有趣味的，最好是一个精明的人跟一个傻瓜玩。当然了，两个傻瓜玩得会更嗨。

其实谁家的锅底都有灰，谁的日子都是一地鸡毛，只不过聪明的人在看到事情要变得糟糕的时候，会立刻选择先避让。而那些经常吵架的夫妻是，你嗓门大，我的更大；你有脾气，我更有脾气。

于是慢慢从小吵小闹发展到大吵大闹，最后不可收拾。

什么样的夫妻关系才算是健康的呢？

你知道对方到底是怎么想的，所以无须费心去猜。你享受这段关系的"现在"，而不是把一切美好都寄托在未来。你们会有矛盾，但两个人都在想办法解决矛盾，而不是放纵情绪去毁灭这段关系。

你不需要假设，不需要等待特定的节假日，不需要特别的仪式，就能感受到这段关系的美好。你不需要为了这段关系委屈自己，即便在某些事情上做出了妥协，你也不觉得有损人格、尊严。

你每一次的改变或守旧，都能得到理解、支持、赞美，而不是无视、挑剔、打击。最最重要的是，你喜欢和对方在一起时的自己。

这意味着，你们在精神上是门当户对的，你们不仅是生活中两情相悦的恋人，也是人生战场上生死相交的盟友。

- 3 -

婚姻里最可怕的是什么？

不是第三者插足，不是天灾或者人祸，而是两个人在小事上没完没了地拉锯，是日积月累的互相折磨。

比如说，他选的电影不好看，你整场都在喋喋不休；你买的东西华而不实，他一整天都眉头紧锁；他开车开错道了，你就一路骂个不停；你弄丢了手机，他就指责个没完。

又比如说，给孩子穿什么衣服要争执，报不报兴趣班要争执，让不让看动画片要争执；孩子感冒了，他说是你给他换衣服导致的；孩子拉稀了，你说是他做菜没洗干净……

更可怕的是：有的男的，谁的妻子他都感兴趣，就是对自己的妻子没兴趣；有的女的，谁的丈夫她都觉得好，就是对自己的丈夫"哪哪都瞧不上"。

糟糕的夫妻关系往往是这样：对对方没有爱，也没有任何期待；所有的希望都变成了失望，所有的美好幻想都变成了一地鸡毛，所有的沟通交流都变成了"一言不合就火力全开"。

本来是抱着好好过日子的心态结婚的，以为两个人可以相互扶持、同甘共苦，可后来却发现，生活的暴风雨只有自己在挡，生活的重担也只有自己在扛，可即便如此辛苦，依然得不到另一半的理解和尊重，有的只是不耐烦和瞧不起。

久而久之，原本温柔的心慢慢变硬，原本满是期待的心情也变得失望透顶。晚上即便睡在一张床上，也是背对着背，宁愿抱着手机，也不愿抱着对方。

有人说，这是因为结婚时间久了，对另一半不感兴趣了。其实吧，不感兴趣是假的，失望才是真的。

那么，如何经营婚姻才能少一点儿失望呢？有6个建议仅供参考：

1. 遇事一起解决问题，而不是解决对方。

可以提前约定：不在情绪上头时互相攻击，谁理智谁主动暂停；可以给对方冷静的空间，但不冷战；可以争吵，可以是无声地陪伴，也可以有一些小动作，比如牵手、拥抱、亲吻，给糟糕的情绪提供一个"紧急疏散通道"，而不是让怒气和委屈都攒在心里，然后变成"决堤式"的爆发。

2. 尊重彼此的差异，而不是拼命地改变对方。

表达爱的途径有和颜悦色、轻声细语、亲亲抱抱举高高……可惜很多人表达爱的方式都错了：

用"给他花钱"和"围着他转"来讨好他、取悦他，结果对方感受到的是"廉价"和"窒息"。

用"望夫成龙"和"朝督暮责"去改造他，鞭策他，结果他感受到的是"嫌弃"和"压抑"。

3. 可以折腾自己，但少去折腾另一半。

你可以活得热闹，但也要允许另一半享受他的安宁。可惜很多人的做法是，自己喜欢的，觉得另一半也会喜欢，所以自己想做什么，非得拉另一半做。结果往往是，你玩得不痛快，对方也一肚子怨气。

4. 停止指责"你"，尝试表达"我"。

不要说"你总是……""你从来都不""你为什么不""你总是这么自私"，要多说"我感觉最近被你冷落了""我有点儿难过""我希望你能敞开心怀和我讲讲你的想法""我想让你哄哄我"。

5. 停止抱怨，主动关心。

一个女人往往很难抗拒男人的一句"其实我挺心疼你的"，一个男人往往很难抗拒女人的一句"其实你挺不容易的"。

6. 不要停止谈恋爱。

结婚不是恋爱关系的终结，要继续找机会约会，要继续讲腻歪的情话，要继续制造浪漫。

结婚是找能玩一辈子的朋友。

婚姻不是洪水猛兽，也不是福地洞天，婚姻就像毛坯房，你得用心设计、认真装修、好好维护，那么它就会变成牢靠且温馨的城堡，既能为你遮风挡雨，又能浪漫满屋。

但如果你什么事都是"随你的便"，什么问题都抢着说"这不关我的事"，什么麻烦都指责说"都赖你"，那么它就会变成摇摇欲坠的危楼，既让你的生活暗无天日，又让你的灵魂不得安生。

- 4 -

日剧《四重奏》里，一对男女一见钟情，谈了一段时间的恋爱，顺理成章地结婚了。婚后，妻子为了讨丈夫开心，放弃了自己热爱的事业，当起了家庭主妇，每天洗衣做饭，把丈夫的生活打理得井井有条。丈夫也很体贴，就算不喜欢吃柠檬炸鸡，也假装说喜欢。

可实际上，妻子并不想放弃小提琴演奏这份事业，丈夫也根本不希望妻子变成家庭主妇，他最喜欢的就是看到妻子在台上神采奕奕的样子。但丈夫误以为，是妻子想做家庭主妇，所以他不敢说，怕妻子不高兴。

夫妻俩以爱情的名义委屈着自己，顺带着也委屈了爱情。

为什么他们不说自己的真实想法？

因为两个人都在逃避冲突，因为两个人都想表现自己好的一面，因为两个人都不了解对方的真实想法，也不敢让对方知道自己的真实想法。

亲密关系最拧巴的地方在于，拒绝沟通，选择默默付出，然后把这种"一方蒙在鼓里"的情况当成感动。

两个人不能掏心掏肺，不能了解彼此的人生，也不能理解对方过去和现在的痛苦，更不能读懂对方此时面临的困境，只是单方面地维持着"幸福美好"的假象，非常生疏地一起生活，就连关心都是小心翼翼的。

两个人看似亲密，其实不熟；看似朝夕相处，却从未深入对方的灵魂，也从未共享过痛苦与欢愉。

这种婚姻使得很多夫妻都得了一种"病"——婚内孤独。

其实，坦诚并不会伤害真心相爱的人，含糊和隐瞒才会。就像史铁生写的那样："爱的情感包括喜欢，包括爱护、尊敬和控制不住，除此之外还有最紧要的一项：敞开。"

感情最怕憋着，有不满、有不同意见，一次、两次、三次，后面憋不住了，就被一件微不足道的小事引爆。结果是，你满心委屈，觉得"我已经忍你很久了"，而对方也很委屈，觉得"这么点儿小事，你至于吗"。

所以，要推心置腹，要掏心窝子，要把话说开。

开心要说，不满也要说；对现在的满足要说，对未来的担忧也要说。

说你的恐慌和不敢睡的夜晚，说你的疑惑和对哪些事情的无法理解；说你童年的美好和糟糕，说你有过的幸福时光和至暗时刻，说你隐秘的想法和未酬的壮志。

说你是怎么一步一步地走到今天，有哪些遗憾，错过了什么人，谁保护了你，你又感激谁。

说你的故作坚强，说你因为什么而撒谎或者逃避，说你为了自保有哪些不得已的小伎俩、小阴暗。

说你喜欢或讨厌的味道，说让你感到不安或温暖的人、事、物。

说你对未来的期盼，说你对生死和金钱的看法，说你去过的地方、见过什么好玩的人。

说你喜欢他，说想跟他白头到老。

这些情绪饱满的真心话，聊完的效果就像是点了一串鞭炮，能把那些影响感情的妖魔鬼怪吓得落荒而逃。

想对相爱的两个人说，不要用"说了你也不懂"来回应别人的关心和问候，不要把自己的自私、冷漠、情绪化美化成"我是把你当我最亲近的人，所以才把最真实的一面展现给你"。

不要让对方证明他爱你，不要动不动就强调"你爱我，就应该怎么样"。一次两次问题不大，但次数多了，他发现"无论怎么证明，你都不满意"的时候，爱就完蛋了。

两个期待很高的人，就像两个张着血盆大口的怪物。不管对方怎么投喂，都觉得"差点儿意思"。

从来没有一劳永逸的甜蜜，任何时候都需要坦诚地交流、不断地磨合、长久地经营，包括但不限于：平静且温柔地爱，毫不含糊地信任，坚定且耐心地陪伴，勇敢且主动地承担责任。

- 5 -

有个未婚的男生跟我说："回老家过年，相亲了9次，看了8遍《热辣滚烫》、5遍《飞驰人生》，吃了7次海底捞，逛了6次动物园，一个没成。"

他说："相亲的次数越多，就越对婚姻感到绝望。两个人见面，一张嘴就问有没有房子？有多少存款？工资多少？有没有负债？这些条件满足了，又开始挑你的年龄大、个子不高、身体不强壮，却从来没有人问一问：你这么多年一个人是不是很辛苦啊？是不是需要人照顾？"

其实吧，爱是一场狗屎运。谁都不能提前预料，然后按照自己的心愿去遇见谁或者跟谁在一起。更常见的是，你想要的是A，后来遇见了B，却和C、D，甚至是E谈恋爱，最后嫁或者娶了F。

所以我的建议是，不用着急结婚，晚婚很可能是上天在保护你。不用强求天长地久，一生一世太长了，够变卦很多次。不用什么事情都跟父母交代。结婚的好处是父母会安心，但你根本不知道他们安的是什么心。

不管你是单身、恋爱还是已婚、离婚，我都希望你能搞清楚这7件事：

1. 一定要把爱情、婚姻和生孩子看成3件事。

不是爱一个人就非得和那个人结婚，也不是结婚就非得生小孩。爱情意味着相处愉悦且相谈甚欢，结婚意味着彼此信任且打算长期"合作"，生育意味着有了一定的物质基础且两个人都愿意负起责任。

在决定每一件事之前，你都要想清楚，我愿意吗？我开心吗？我能承担这个决定带来的所有后果吗？

残酷的现实是：只有爱情是构不成婚姻的，没有爱情却不耽误结婚，感情有限的婚姻虽不完美，却也够用。

2. 一定要从理想化的爱情里走出来。

你可以把爱无条件地给自己，但不能期待别人也无条件地爱你。当有人是有条件地爱你时，你不必因此生气，因为你爱别人其实也是有条件的。

3. 不要低估了"过日子"这3个字的分量和难度。

经常听到有人说,如果找不到让我满意的白马王子,那就找个有钱的人嫁了,随便过日子。这种口吻就像在说,如果我不能活到 500 岁,那就活 499 岁吧。

现实是,不管你结不结婚,能把日子过得还凑合,还有点儿乐趣,已经是非常不容易了。尤其是人到中年以后,要面对孩子学习、对象闹腾、父母生病、比你年轻的领导冲你发火这些实际问题。生活的常态是:七个锅盖,盖八口锅。

想必你也知道,没有一个童话故事是写婚后生活的。

4. 结婚是为了幸福,离婚是,不结婚也是。

"一生一世一双人"只是一种很美好的状态,但不应该视为人生的目标。如果你婚恋的初心是"愿意",那么"当时愿意"就够了。

无论你是一个人,还是一双人,或是中途换人,人生的目标都应该是"为了幸福"。

5. 婚姻的本质是价值交换,但人的价值是会变的。

10 年前,你是年轻貌美的小姐姐,他是贪恋你容貌的小男生。后来的你可能人老色衰,而他可能越来越有男人魅力。

10 年前,你是稳重成熟的大叔,她是芳心暗许的小姑娘。后来的你可能老态龙钟,而她可能风华正茂。

所以在婚姻里,每个人都要有这样的警觉:自己不会永远强势,没有谁必须对谁好一辈子。

6. 只有依靠自己,胜算才会更大。

相爱不能抵万难，合适也不能，能抵万难的只有一天比一天优秀、坚强、自信、勇敢的自己。如此一来，不管结不结婚，你都能过好这一生。

7. 不能只想着"他必须怎么样"，还要想一想"我应该怎么样"。

如果你觉得挣钱养家是男人的本分，那么就把勤俭持家看成理所应当的；如果你觉得从一而终是男人的本分，那么就把洁身自好当成是自己的底线。

怕就怕，自己月薪三千却要求别人月薪三万，自己挥金如土却要求别人艰苦奋斗，自己备胎无数却要求别人心无旁骛，总是要求一个完美无缺的对方，却看不到一个漏洞百出的自己。

一个人最好的出路从来不是结婚，而是优秀到可以匹配任何人。自己是"好货"，又足够"识货"，自然就能喜结良缘。

20 关于认知：
要经常提醒自己"我可能错了"

- 1 -

先讲 3 段好玩的对话。

A："新搬来的邻居真讨厌，大半夜狂敲我家大门。"
B："太过分了，你报警了吗？"
A："没有，我当他是疯子，继续吹我的喇叭。"

盲人对哑巴说："别人都能陪我说说话，为什么你不行？"
哑巴对着盲人比画了几下，意思是："那你为什么始终不肯用正眼看我一下？"

主人对正在拉磨的驴说："你真了不起，要是没有你，大家就得天天吃粗粮。"

驴憨憨地笑了，拉磨的步伐更快了。结束了一天的辛劳，驴一边吃着秸秆，一边教育小驴说："你快点儿长大，我要教你拉磨的本事，努力干活就不愁吃喝，而且非常受人尊敬。"

而驴主人的一家，一边吃着驴磨的新粮，一边教育孩子说：

"长大了千万不要像那头驴，累死累活的不说，最后还可能被吃得连渣都不剩。"

人哪，真的不用担心自己不知道的事，因为真正让你陷入麻烦的，是那些你坚信不疑，但事实上并非如此的事。

所以要经常提醒自己："我说的话，只代表我个人的观点，它是我站在我的位置上，以我的身份、视角看到的东西。它只能代表我的个人看法，不等于事实本身。"

不要因为你接受了专家说的晚上 9 点钟睡觉更健康的观点，你就要求全世界都 9 点钟关灯。不是每个人都能在 9 点钟之前就入睡。

不要拿吃光一碗饭的时长来判断一个人的胃口，因为有的人喜欢细嚼慢咽，有的人喜欢狼吞虎咽。

人一旦看不清世界，就会蒙蔽自己，或者依照自己的偏见对真相大肆涂改。

就好比说，一位贵妇坐在马车里读一部写贫苦社会的小说，读得泪流满面，同时她的马车夫就在她面前冻死了，她却毫不在意。

就好比说，一位暴君在戏院里看一出悲剧，看得泣不成声，同时他的手下在剧场外面处死了 30 多个因为饥饿抢粮食的灾民。

认知一旦出了问题，就会得出错误的结论，继而做很多无用功。

就好比说，白衬衫容易发黄，一般的洗衣液很难洗干净，这让你很头疼，为了解决这个问题，你在每次洗白衬衫之前，都吃点儿头痛药。

就好比说，你在书店里闲逛，看到一本名为《解决你人生50%的问题》的书，为了确保万无一失，于是你买了两本。

切记，你不知道不等于它不存在，你不理解不等于它没道理，你觉得从来如此不等于"就是对的"。

- 2 -

看过一个很揪心的视频，有人请几个年轻人来读一些从网络上复制来的文字：

"爱了一个少年1574天，闹了27天，等了825天。"

"我经常连哭几个小时，哭到手脚发麻，有时候又像没事人一样，我真的好累，我不想上课不想见室友，我害怕学校，我好想休学。"

"没吃晚饭，加班到深夜1点，到家整个人都是晕的，好希望有个人可以看穿我的内心，明白我的感受，不离不弃地陪伴我。"

这几个人读完后，轻蔑地笑着说：

"很尴尬。"

"一看就是单身狗写的。"

"太矫情了，没什么经历的人才会讲这种话。"

然而，当他们读到那张纸的反面时，所有人都沉默了：

"当你看到这条微博的时候，我已经不在了，我熬了1584天。"

"我以为时间会让我好些,但还是摆脱不了这个想法,抱歉,我不期望有人能理解我,再见。"

他们读的内容,其实都是抑郁症患者在这世界上留下的最后的求救信号。但悲哀的是,这些求救信号,在有的人看来只不过是"矫情",是"脆弱"。

有时候,我们看到有人丑态百出,实际上他只是在努力生活;有时候,我们看到有人性格古怪,实际上他只是在忍受痛苦。

这让我想到了林奕含。有人曾以为,是抑郁症赋予了林奕含独特的创作灵感,以至于这个人抱怨道:"为什么我没有得抑郁症呢?"

林奕含据此写道:"精神疾病并不浪漫。(她那么说)感觉就像是在心脏病患者面前说'要是我的动脉偶尔也堵塞一下就好了'。我写精神病,因为那几乎就是我的全部。没有人会拿它去交易区区几百万字的灵感。"

悲哀的是,我们经常看到一些人无所顾忌地在别人的微博或者朋友圈里大放厥词,说着无比残忍、刻薄、愚蠢的话,还正义凛然得像是代表了人间正道。

"你吃喝不愁,跟那些战乱或者贫困山区里的孩子比起来,有什么可抑郁的?"

"你就是太闲了,一天到晚看这些乱七八糟的东西,闲得脑子发慌才想七想八。"

"你的心理承受力也太弱了吧?这点儿打击都受不了!"

"你就是被惯的,没经历什么大风大浪。"

这些满嘴喷粪的网络暴徒会让人产生一种错觉——真的有人大肠直通脑子。

这些人不知道,抑郁不是躲在房间里没日没夜地哭泣,有时候,抑郁是正常地起床、吃饭、出门、学习、工作、微笑待人。

这些人严重低估了抑郁症患者正在承受的痛苦和压力,也根本意识不到他的精神已经濒临崩溃,勉强撑住他的,很可能只是一个阳光的偶像、一只可爱的小动物、一部剧情俗套的电视剧、一本有共鸣的鸡汤书,或者一两个搞笑段子。这些东西在别人看来是无聊的、没用的、俗气的,但对他来说,是续命的丹药。

所以我想提醒所有人:不要因为你觉得无所谓,就觉得别人也应该无所谓。

你觉得有钱没钱无所谓,是因为你家境富裕或者暂时不急着用钱;你觉得胖瘦无所谓,是因为你身材还行或者暂时不关注外形;你觉得年级排名无所谓,是因为你学习不差或者你学习很差。

不要因为你的原生家庭还不错,就去怀疑别人的父母"真的有这么糟糕吗"。

不要因为你的原生家庭很糟糕,就去怀疑别人的家庭和谐"都是装出来的吧"。

不要因为你很幸运,就觉得别人的悲惨都是罪有应得。

不要因为你已经从痛苦中熬过来了，就对别人的痛苦不屑一顾。

没有一杆秤能称出谁更痛苦，也没有一个裁判能判断谁更悲惨。只要当事人感到痛苦，那就是真的痛苦。

要谨记，每一个脆弱的人都经历了你根本不知道的"战斗"。如果你真的了解他们的想法、经历和感受，你会发现没有谁是普通的，每个人都值得大家站起来为他鼓掌一次。

- 3 -

有一个很有意思的问题：在路上，看到什么车，你会觉得车主很有品位？

A 说："法系车，可惜懂的人不多。"

B 说："德系车，品质可靠。"

C 说："当然是雷克萨斯，长得就文质彬彬的。"

获赞最多的答案是："和自己同款的车。"

人是特别自恋的物种。一个人如果无法走出自己的圈子，无法见识更大的世界，无法经历更丰富的人生，他就会以为自己脚下的路是唯一正确的人生之路，自己的想法是唯一正确的道理，自己的观点是无比惊艳地深刻。

但凡有人跟自己的想法不同，就视其为胡说八道；但凡有人跟自己的活法不一样，就认为是"丑人多作怪"。

事实上，你自以为了不起的想法很有可能是被实践证明了是错误的，你自以为深刻的道理很有可能是这个圈子里非常浅薄的道理。

就像古人说的那样："山中人不信有鱼大如木，海上人不信有木大如鱼。"

人也是特别擅长原谅自己的物种，比如说：

亲友犯错了，你就说："人非圣贤，孰能无过？"

自己犯错了，你就说："我不可能犯错，都是因为……"

讨厌的人犯错了，你就说："我早说了，他是个白痴。"

别人出轨，你就说："真不是个东西。"

朋友出轨，你就说："看不出来这家伙还挺有魅力。"

自己出轨，你就说："有些事说不清楚。"

结果是，很多事情放在别人身上叫"蠢"，放在自己身上叫"情有可原"。

怕就怕，你总强调自己有原则，却又本能地把自己当作这些原则的"例外"，原则的手电筒都是用来照别人的。

人还是喜欢"自作聪明"的物种。

比如说，明明是想击退生活的无聊、匮乏或者寂寞，但学习太枯燥，美好的体验又需要花钱、力气、时间，有趣的社交又需要付出、忍受、迎合，所以就用"食欲"去获得一些更廉价且直接的快乐。

比如说，明明是对身材不满意，但又碍于减肥或者塑形的艰难，就通过频繁更换发型或者着装风格来让自己"感觉良好"。

又比如说，明明是处理不好自己的情绪或者麻烦，但实在找不到合适的发泄方法和对象，就自私地将负面感受倾泻在最亲近的人身上。

如此说来，很多人称之为"命运"的东西，很可能只是自己做过的蠢事。

- 4 -

有一段时间，我特别喜欢"人生是旷野，不是轨道"这句话。每读一遍，胆子就肥一点儿，觉得离开某个地方、某个人，就等于是"海阔凭鱼跃，天高任鸟飞"。

可后来却隐约觉得这句话并不全对，因为去过旷野就会发现，那里确实自由，但同时也危机四伏。反倒是轨道有着我们完全不了解的"安全和便捷"，因为铺了轨道的地方都是前人走过、勘察过、论证过的，地质条件优越、路面平坦，就算遇到山了也会给你挖隧道，就算遇到河了也会给你架大桥。轨道虽然宽度有限，方向固定，方式单一，但那条路绝对是抵达你的目的地最快的方式。

所以，不要别人说什么，你就信什么。要把自己打开，要接受自己的有限性，要始终带着敬畏，而不是接触不多就以为了解，掌握不多就急着推翻，领悟不够就夸夸其谈。

比如看到别人拍视频火了，你就会觉得"我也可以""是个人就能火,那太简单了"。事实上,拍视频不火的人多的是,只是你没看到而已。你只是看见了几个成功的案例,就误以为这些事情很简单。

比如写作这件事,半吊子选手会觉得:"写文章有什么难的,不就是敲字吗?谁上学的时候还没写过作文啊?我高中还拿过全校作文比赛一等奖呢。"但只有你亲自动笔去写,才知道自己写得其实很糟糕,才明白那些厉害的作家厉害在哪里。

又比如地图这种东西,只有当你身处茫茫大海、看似四处都是方向,但不知道何去何从的时候,才能真正理解它的重要性,也就不会轻易嘲笑哥伦布把美洲误认为是印度。

事实上,每一件能被很多人列为"目标"甚至"志向"的事情,都不可能简单。比如减肥、考大学、做生意、结婚、养孩子……但凡是亲自动手去做了,人自然而然就会变得谦卑——因为了解难度而谦卑。

好比说,很多人会觉得《哈利·波特》里的魔法药水看似很容易做出来,但请仔细想想,你对着详细的食谱就能做出好吃的饭菜吗?你研究透了姚明的篮球技术就能阻止他进球吗?

世界就像一头大象,我们都是在盲人摸象,而已。

为什么随着年龄和阅历的增长,很多人并没有变得更开放、更博学，反倒是变得更固执、更封闭？

因为很多人接收信息，本质上只是在找认同。所以他们只看得到、只听得见、只相信他们认同的东西。

为什么像如何做人、婚恋、育儿、心态等人生大课题反而没有人教呢？

因为有人教过，只是你在听的时候，要么是不理解，要么是不认同，要么是觉得那件事情不重要，最后只能靠受伤来让自己长记性。

认知就像夜里的路灯，数量越多，路就看得越清楚。

关于"认知"，希望你明白这 5 件事：

1. 不要拿某一次的经验来给某件事情定性。

因为遇到了一个糟糕的恋人，就对婚恋彻底绝望；因为主动提出问题被批评，就认为在职场上选择沉默才是正确的；因为在某个城市遇到了一个骗子，就认定那座城市没有好人。

最难沟通的并不是没文化的人，而是脑子里只有一个标准答案的人。

2. 所有的优越感都源于无知。

知识经验丰富的人会说"凡事不能一概而论""具体情况具体分析"，而缺乏知识经验的人则喜欢说"绝对是""错不了"。

怕就怕，你一辈子都在网里挣扎，却还以为自己是个渔翁。

3. 瞧不起并不会让你了不起。

有的人听到不同的观点，马上就会进入反驳模式。这种人的眼睛和脑子看不到别人那么做的好处和那种选择的优点，自然就不可能从别人那里学到东西。久而久之，他就只能用自己少得可怜的经验，活在一个狭隘的世界里孤芳自赏。

天天拧螺丝的人，看到圆的就想拧，会自动把圆圆的东西分为"可以拧的"和"不可以拧的"。

4. 你以为的真的只是你以为。

比如你喜欢某个歌星或者网红，你觉得全世界的人都认识他们，因为你总能看到他们的消息，周围的人也都在谈论他们，于是你跟人提起他们时会很诧异"这也不知道？""你该不会不认识他吧？"，但很有可能是，他们只是在你的圈子里很火，还有很多人不知道或者不喜欢。

人在犯傻的时候，是不知道自己犯傻的，但对于其他人来说，这是相当难受的一件事。

5. 人和人是不一样的。

黄山上的一棵树，樵夫看见了，会想着如果把它当成柴火，是好烧，还是不好烧；

木匠看见了，会想着是做桌子好，还是做椅子好；

植物学家看见了，会想着它的特征是什么，属于什么种类；

画家看见了，会想着怎么构图更好看，该用什么比例、颜色；

诗人看见了，会想着它有什么寓意，是强调活着的坚韧，还是强调做人的气节。

大家虽然同住在一个星球上，看到的却不是同一个世界。就好比说，山峰互相能看见，而蜷缩在山脚下的洼地和小山头则对彼此一无所知，尽管它们通常都处在同一个水平上。

对于认同我们的人，我们要加以鼓励，以便增进彼此之间的友谊；对于不认同我们的人，我们也要加以鼓励，以便巩固他对自己的深信不疑。

- 6 -

在《非暴力沟通》一书里，作者引用了一首哲理诗："我从未见过什么懒汉；我见过的他，有时在白天睡觉，在某个下雨的日子待在家里。但他不是个懒汉。请在说我胡言乱语之前，想一想，他真的是个懒汉，还是他的行为被我们贴上了'懒惰'的标签？

"我从未见过什么傻孩子；这个孩子有时做的事，我不理解或始料不及，这个孩子的看法与我不同，但他不是个傻孩子。请在你说他傻之前，想一想，他是个傻孩子，还是他知道的事情和你不同？

"……有些人所说的懒惰，另一些人却说那是淡泊人生；有些人所说的愚蠢，另一些人称之为看法不同。"

事实上，绝大多数和他人无效的沟通都来源于"自己理解的世界"和"别人理解的世界"的不同，绝大多数和自己痛苦的沟通都来源于"自己想要的世界"和"真实世界"的不同。

那么,作为普通人该如何修正自己以避免犯蠢呢?
这里有4个亲测有效的办法:

1. 把自己的想法、判断写下来。

把自鸣得意的预测、判断、结论变成可见的文字,等某件事尘埃落定了,再去跟自己当时的预测对比。比如猜比分,猜输赢,猜盈亏,猜得失,你会发现"我对了"的概率极低。

2. 随时准备更新自己的结论。

你得出了某个结论,你知道这个结论有待完善、有待改进,甚至有可能被推翻,但你不知道在什么时候、跟谁、在什么场合,你要做好更新这个结论的心理准备。

3. 慢一点下结论。

不要用情绪代替思考,不要用个人喜好代替是非判断。很多事情其实并不复杂,很多人也没有你想的那么坏,只是因为你当时带着情绪,或许是因为之前发生的事情尚未妥善解决,又或者仅仅是因为"今天的菜咸了一点点"。

4. 经常提醒自己"我可能错了"。

这意味着,你要从自己无法理解但大受欢迎的东西上找出它的合理性,要从自己怀疑但广泛流传的观点中找到恰当的解释,要从自己抗拒但事实证明很有效果的做法中重整思路，要割断自以为有效的旧经验，要跳出偏见和个人喜好的围墙，要一个背摔把自己从惯性思维里扔出去。

你去的地方越多，你慢慢就能走出地域的偏见；你见识的人越多，你慢慢就会走出身份的偏见；你知道的事情越多，你慢慢就会走出认知的偏见。

21 关于祛魅：
世界就是一个巨大的草台班子

- 1 -

有一阵子，我特别喜欢刷那种"单身男女独自生活、觅食、旅游"的短视频，会经常惊叹"哇，他怎么那么会玩""哇，她怎么活得那么有意思"。

直到有一天，我在一个朋友的公司里，看到有博主在拍那种视频，我看见她进门之前，先把摄像头放在屋里，然后来回开了十几次门，直到拍出满意的效果为止；后面是做饭，为了拍出"吃得津津有味"的效果，她硬生生地吃了三份辣椒炒肉。

从那之后，我就很少看那一类视频了，因为我突然意识到，有些美只是摆拍出来的，有些惊奇的际遇是精心设计，有些好看的镜头是加了滤镜的。

想起一个姑娘跟我聊的一件事。她说她曾非常迷恋一位不算太火的小众男歌手，每天看他直播，给他刷礼物，发私信，诉说自己有多痴迷他，还逢人就说男歌手的超凡脱俗，但男歌手从来都没有理过她。

直到有一天，男歌手到她所在的城市做活动，竟私信问姑娘要不要去看。这姑娘自然是高兴得不得了,又是化妆,又是挑礼物。等看完活动,男歌手竟然直接去搂姑娘的腰,还暧昧地在姑娘的耳边说:"今晚别回家了,跟我去酒店吧。"

姑娘吓得撒腿就跑,一回到家就把男歌手拉黑了。她原以为男歌手是能与自己灵魂共鸣的优质偶像,可后来才发现,他那悦耳的音乐背后竟然藏着丑陋的兽性,他那个性十足的外形包裹的竟是庸俗不堪的灵魂,他清高的精神世界掩饰的不过是一个烂人。

再谈到这个男歌手时,姑娘满脸都是不屑:"他踮脚都没有我蹲着高,鼻子短得像个豆沙包,满脸的痘像上火的山妖,唱歌像鬼在哭、狼在嚎……"

成熟的一大标志就是学会祛魅。所谓祛魅,就是消除对完美的盲目崇拜,停止对权威的盲目顺从,清除对仰望的人、得意的事、喜欢的物的美颜和滤镜,不再高估别人的美好,不再装腔作势地活着,也不以偏概全地看世界。

比如说,你对某个网红有很大的魅,但当你对他再多一些了解之后就会发现,他可能不懂尊重,而且三观不正。

你对某一种职业有很大的魅,可一旦入行了就会发现,它只是一份谋生的工作。

你对在写字楼里当白领有很大的魅,以为每天拿杯咖啡,然后精神抖擞地上班下班,但真的上班了才知道,什么精神抖擞,能不发神经就不错了。

你对大公司有很大的魅,等你去了就会发现,光环只属于公司，而自己只是一颗适用于岗位需求的螺丝钉。

你对某个城市有很大的魅，等你在那个城市生活了一段时间就会发现，除了看得见的繁华和时髦，也有看不见的破烂和不堪。

人是一种很功利的物种，迷信什么就会在什么面前自卑。

你迷信学历，别人拿出毕业证书就能唬住你；你迷信家庭背景，别人说自己父母是当官的就能唬住你；你迷信阅历，别人说自己去过多少个国家就能唬住你；你迷信长相，别人稍有姿色就能拿捏你……但实际上，这些东西远没有你以为的那么重要。

所谓的大V博主、百万网红、畅销书作家，各类专家、导师、名人、明星、创业导师都有可能骗你。

人不一定会因为有了名气而爱惜羽毛，反而容易在粉丝信徒们的众星拱月中飘了，人一旦膨胀了，就容易做傻事，所以才会有挪用投资人资金的品牌创始人、品行不端的名人明星、割韭菜的各类导师。

所以，不要被标签、名声等光鲜亮丽的表象所迷惑，而觉得别人很完美，这只是距离加上想象力才产生的美，一旦靠近了看，其实各有各的难，个个都平凡。

一个人在一个领域很厉害，不代表他在每一个领域都厉害，因为人是有局限性的。所以，不要太在意一个人专业以外的建议。比如物理方面的问题，你可以去请教爱因斯坦，但如果你觉得他厉害，非要问他怎么谈恋爱，那活该你没对象。

祛魅的初期是残忍的,就像一个听圣诞故事长大的小朋友突然被告知这个世界没有圣诞老人,袜子里的礼物都是你爸爸妈妈偷偷塞里面的。

祛魅的中期是失望的,就像是突然知道了彼岸花的学名叫石蒜。

但祛魅的后期是清醒的,你会发现很多人没有你想象的那么光鲜亮丽,只不过是戴着面具装高风亮节罢了;你会发现很多自己追逐的生活没有想象的那么好,只不过是华丽装饰着的一地鸡毛;你会发现自己看得很重的东西其实没什么用,不过是被别有用心之人吹起来的绚丽泡沫。

当你停止美化,知道美貌不等于美德,明白学历不等于教养,你看待人、事、物的滤镜就消失了。

就像是,一个人生病了去住院,他的长相、年龄、学历、工作、社会地位都不重要了,医生只会关心这副躯体的哪个部位有问题,他不再是老板、专家、网络红人、精神领袖了,在这里,他只是一个病人。

一旦学会了祛魅,你就敢跟比自己厉害很多的人聊合作,敢追求那些条件比自己好很多的异性,敢去过与别人不同但自己喜欢的那种生活;你会从自惭形秽变得不卑不亢,从唯唯诺诺变得落落大方;你在人群中如独处般自在,在无人处如众目睽睽般谨慎。

- 2 -

曾有一篇名为《姜文教子》的文章被大量转发。文章里说，姜文发现自己的孩子被家里人宠坏了，平日衣来伸手，饭来张口，觉得问题很严重。于是，他带着当时分别是 6 岁和 4 岁的两个儿子来到新疆阿克苏，在郊外的一间普通民房里住下来，饮食是当地原生态的，每天早晨 6 点就把孩子从被窝里拽出去跑步。有时还开车去很远的沙漠地区，让孩子见识大漠风光，在沙地里摸爬滚打。不到一年时间，儿子的身体结实了，眼界放宽了，独立生活的能力增强了。还夸赞姜文敢带孩子到最偏远、最艰苦的地方去"折腾"，而不是让他们一直待在"温室"里。

读过这篇文章的人会惊讶于姜文的魄力，会得出"大导演的眼界果然不一般""大导演当家长也很厉害"的结论。

后来，在一档访谈节目里，当姜文被问到这件事时，他的回答让所有人都笑喷了。

姜文说："那篇文章是假的，我自己都不知道在新疆一个人怎么活，更别说带俩孩子了。它把我写得那么厉害，但我确实做不到。"

很多类似的文章和所谓的真人秀节目，都像是在炮制一锅看起来高大上的鸡汤。在这碗鸡汤里，真相是什么不重要，有没有一手资料不重要，重要的是给人一种"成功人士做什么都很成功""明星带娃工作两不误"之类的印象。

这些鸡汤的细节编得再用心良苦，这种综艺对育儿方式的解读再卖力，但总归都是假的。

所以，不要因为自己不能像明星那样"育儿有办法，陪娃有时间"就过度自责，更不要因为明星的孩子看起来很优秀，就把明星的育儿观点奉为宝典。

与其陷在这种鸡汤里不能自拔，不如放下"汤碗"，踏踏实实地生活，努力地赚钱，心平气和地跟孩子游戏、聊天。

事实上，你只看到他们亲手为孩子做了一顿饭的贤惠，但你没看到他们家的育儿嫂、保姆和司机。

你只看到他们在孩子受伤或生病时的无所不知，但你没看到他们家的私人医生和常常联系的专家团队。

你只看到他们陪孩子时的淡定、从容，但你没看到他们拍一部戏就能赚到让他们休息一整年的钱。

事实上，他只是擅长拍戏或做生意，赚了一些名望和金钱，不代表他的婚姻观念有多合理，更不能说明他的育儿理念有多正确。

她只是嫁了一个爱她的老公，生了一个可爱的孩子，不代表她的恋爱观有多正确，更不能证明她的人生规划有多合理。

对明星家庭来说，"爸爸去哪儿"的意思是，爸爸们可以随时带孩子随便去哪儿。但对普通家庭来说，爸爸能去哪儿呢？当然是去上班了，还有可能要加班。

- 3 -

刚毕业的时候，曾跟一个厉害的出版人共事了一阵子。每次向他汇报工作，我都很紧张，因为他太优秀了，而我是个菜鸟。每当我看到他脸色不好或者当众发火的时候，第一反应都是——肯定是我的方案做得太糟糕了。

但后来我发现，他发火的原因太多了。比如最近的业绩不理想，上班路上被人加塞了，物业不作为，妻子跟他闹别扭了，某件事的进度太慢了，客户太挑剔了，甲方不专业还爱胡乱指点……

我还发现，他在上台之前也会紧张地来回踱步，他那大鼻子特别容易泛油光；他平时给人气定神闲的印象，但不小心碰倒咖啡的时候，也会手忙脚乱；他在外人眼里非常成功，但私底下也经常哭得很惨，"我实在是太累了""我不想干了"。

于是我明白了一个道理：这世界就是一个巨大的草台班子，没有谁是完美无缺的，大家都是普通人类。所以没必要担心自己的能力不够、资历不足，再优秀的人物也会焦虑迷茫，再光鲜的行业也有漏洞和瑕疵。

想明白了这一点，我再看到他的时候，就不会矮化自己，而是先在心理上和他平起平坐。

更大的收获是，我明白他也是有局限性的，所以我更能理解他的情绪波动和偶尔的歇斯底里。

比如说，他紧盯细节，是因为他害怕客户挑剔；他咄咄逼人，是因为他对呈现出来的东西非常不确定。

他每次大发雷霆都像是说"大家抓紧时间呀,我们来不及啦,我快扛不住了";他每一个张牙舞爪的动作背后都像是当众诉说"我需要有人来帮我,我需要更好的理由来说服我"。

在他张牙舞爪或气氛紧绷的时候,以前的我会逃避、会抱怨,但后来的我会主动上前一步,去为他做点儿什么,让事情变得更好一点儿。我会积极主动地、心平气和地找他商量,和他一起分析,协助他解决,而不再是对抗、抱怨、逃避,等他冷静下来,对我明显要亲近且信任了很多。

很多人进入职场之后,对领导、对行业大咖有很大的"魅",对他们唯命是从,结果助长了一些恶臭的职场潜规则。比如,聚餐时恭恭敬敬,甚至是姿态卑微地向上敬酒,已经下班了还必须无条件加班,私底下被人动手动脚……即便是尊严受挫也不敢反抗,即便是利益受损也不敢争取,即便是受了委屈也还要忍气吞声。

还有一些所谓的前辈、公司骨干,仗着早来公司几年的那点儿"经历"和"成绩",就喜欢在下属或同事面前摆谱,把谁都明白的大道理说得天花乱坠,把普通工作包装得高大上,就像是,明明画的是田字格,非要说成是造火箭。用少得可怜的权力对他人颐指气使,试图用"王八之气"震慑全场。

所以,对职场祛魅是每个打工人的必修课。你要学会拨开权威的迷雾,把自己放在一个平等的位置上。

不要因为别人一时的得意就觉得别人无所不能,也不要因为自己一时的失意就觉得自己一无是处。

有的人看起来比你强，只是因为他们干的时间比你长，见的人比你多。所以作为新人，你可以谦虚谨慎，但不要唯命是从，更没必要把他们的话当金科玉律。

比起头衔、身份、地位，更值得你关注的是这两个方面：

一是他们的工作方式和处事经验，他们在关键时刻如何做选择，他们在事与愿违后的态度，他们如何管理情绪和精力。

二是你能为他们提供什么样的价值，来交换他们给你的工资或机会；你能利用他们为你带来哪些方面的成长，以换取晋升或跳槽的资本。

当然了，职场也需要对自己祛魅。感到迷茫了，就去更新简历，看看自己有什么东西是拿得出手的；觉得自己特别厉害，就去参加面试，面了几轮就知道自己到底有几斤几两。

- 4 -

感情的世界也需要祛魅。李敖先生就有一条经典的祛魅心法："美人便秘，与常人无异。"

可现实中，很多人在喜欢一个人的时候就会紧张得不敢说话，怕说错，怕说不好，怕对方发现自己没意思。

为什么会这样？因为你把对方完美化了，在完美化对方的同时，还贬低了自己。

这个时候，你要学会对喜欢的人祛魅。祛除"我必须完美才配得上你"的自卑心理，同时祛除"你那么可爱就不可能有缺点"的滤镜。

祛魅之后，你和对方都会轻松很多，你会明白对方确实有很多优点，当然也可以有缺点；自己确实有不少缺点，当然也有很多优点。从此两个真实的灵魂碰撞在一起，开始一段既有花月诗又有屁尿屎的真实生活。

关于情感上的祛魅，还要特别提 4 个醒：

1. 慕强是人性，不必勉强自己"不许仰望任何人"。尤其是没见过世面、没有优渥条件的人，崇拜学历高、颜值好、财富多的人是很正常的。但关键是要打开见识，增长本事，不断变优秀。

祛魅这种事情，不是言语或思想上的刻意为之，而是随着自己不断变好自然而然发生的。

2. 爱不是浮夸的炫技。不要用"公共场合能不能低下头来给自己系鞋带""饿得快死的时候会不会把那碗粥让给自己"这类幼稚的问题来考验恋人。

你该明白，四肢健全的你根本就不需要一个帮忙系鞋带的人，在这个富足的年代也根本不需要用一碗粥来展现真爱。

3. 关系再好也要保护自己的边界。要让对方明白：

我可以帮你，但我不能替你完成；

我尊重你的意见，但我也有自己的想法；

我理解你生气了，但我不能接受你用那样的表情和语气对待我；

我知道我对你很重要，但我也需要属于我的空间。

4. 不管多爱一个人，都不要产生"他属于我"或者"我属于他"的想法。他只属于他自己，你只属于你自己。除了对自己负责，其他部分都只能算是"合作关系"。对他好绑不住他，公布恋情绑不住他，结婚证绑不住他，生孩子绑不住他，生二胎也绑不住他。

我的建议是，恋爱要在"我不怕分手"的时候开始，结婚要在"我心甘情愿"的前提下结，生孩子要在"我实在想要孩子"的时候生。凡事都以"我的感受"为出发点来做决定，而不依赖于"对方的态度"。

如此一来，即使后来证实了"所遇非良人"，你就当自己是在爱情的游乐场里坐了一趟过山车，既刺激，又安全。

任何关系都要明确一点：禁止长期持有别人，坚持长期投资自己。

22 关于执行力：
比起截止日期，更重要的是开始日期

- 1 -

很多人都下过决心要"改变自己"，流程大致是：先喊出了我要早睡早起，我要少玩手机，我要减肥，我要好好学习，我要戒糖控油，我要努力赚钱，非常自豪地坚持了三天，然后就坚持不住了。隔一段时间，再下一次决心。整个过程就像是，你深深地吸了一口气，憋了几秒钟，然后偷偷地放了一个屁。

很多人喜欢说"道理都懂"，然后再补一句"就是不知道该怎么做"。其实吧，大家都知道怎么做，因为答案很清楚，它就是一条需要我们下定决心、付出笨拙的努力、提供足额的耐心的路，但多数人不愿意走，所以假装看不到它。

很多人盼望的其实是"捷径"，可事实上并不存在那种很容易、很轻松、很舒服就能抵达的捷径，所以就再三强调"不知道该怎么办才好"。

这恰好也揭露了当代年轻人最常见的 4 个臭毛病：不读书却爱思考，不独立却奢求自由，不肯行动却想要结果，不愿努力却想发财。

那么你呢？

打鸡血的时候，热情飙到峰值，掏出手机瘫坐在沙发上的时候，热情又瞬间跌回谷底。每天的情绪在"我要再拼一次"和"还是算了吧"之间摇摆。

性格既懒散又上进，既想做好又怕出错。因为懒散，所以常常做不好；因为上进，所以要求很高；又因为怕出错，所以不愿意开始。

最多就是想一想"我的伟大梦想"，喊一喊"我要努力"，却不去面对过程中的麻烦和艰难，不去突破个人能力和见识上的局限，不行动，只是在想，在喊，在表演，且心安理得。然后任由自己被"我不行""我不够好""我做不到""我还没准备好"的声音淹没，一次次在"晚上暗下决心"和"白天懒散沮丧"中兜圈子，陷在后悔和焦虑的恶性循环里。

久而久之，雄心壮志被现实一点点磨灭，在时间的助攻下，你一边长大成人，一边心不甘情不愿地向生活缴械投降。

结果是，很多事情还没有开始就已经结束。

要不这样，你发个朋友圈替自己"解释"一下吧，文案我都替你想好了："你们只是看到我浑浑噩噩、吃垃圾食品、晚睡晚起、不修边幅的样子，却从没看到我好好学习、努力工作、坦诚地与人交流、坚持跑步的样子，因为我确实没有做过。"

- 2 -

李姑娘的网名一直都很好玩,最开始是叫"不讲李",后来改成了"李我远点儿",然后是"托塔李天王",最近改成了"拖沓李天王"。

前阵子偶遇她妈妈,她妈妈非常兴奋地跟我说:"买了《最怕你一生碌碌无为,还安慰自己平凡可贵》送给我闺女,她真的懒死了。"

我一听就知道我完蛋了。果然,在当天晚上,李姑娘找我"兴师问罪":"老杨叔叔,你是不是对平凡有什么偏见?"

我回:"我从来不觉得平凡有问题,有问题的是,假装淡泊,假装没追求,假装无所谓。"

比如说,上学的时候,你前一秒还在为考试紧张得睡不着觉,或者因为没考好,难过得吃不下饭,下一秒就理直气壮地安慰自己"开心最重要"。

然后呢,假装没事,假装要开始改变,实际上却在继续紧张地偷懒,继续难过地拖延着,继续一动不动地长吁短叹……

比如说,马上要毕业了,前一秒还在为找工作忧心忡忡,下一秒就安慰自己当个废物也挺好的。

然后呢,接着对未来忧心忡忡,接着对当前的境遇愤愤不平,接着抱怨自己没有一个好爹……

比如说,初入职场没多久,前一秒还在想着要升职、要加薪、要有钱到处去玩,下一秒就在脑子里发动了一场惊天动地的大起义:"我凭什么要听老板的？就给我这么点工资，我凭什么要做好？吸血鬼！"

然后呢，继续浑水摸鱼，继续怨天恨地……

又比如说，与人交往，前一秒还在羡慕别人见多识广，或者妒忌别人生活丰富多彩，下一秒就大谈特谈"诗与远方"，强调"平平淡淡才是真"……

但其实呢，你内心深处的真实声音是：平平淡淡不是真，是真没劲啊！

就像是，你总说明天会更好，可你却老是躺着；你确实想做很多事，可惜被困在了一个整天只想玩手机的身体里。

我们都喜欢"等会儿再说"，甚至莫名地认为只要等下去，就会有好结果。也因此，我们没能在最喜欢的时候穿上那双中意的鞋子，没有在最纯粹的时候说出那句"在一起吧"，没有在最热血的时候去做想做的事情。以为有的是时间，以后有的是机会，却忘了，任何事情都是有保质期的，包括心动、热血，以及奋不顾身的勇气。

如果美好的愿望都被供奉在了想象的高台上，那么它注定会被岁月蒙上厚厚的灰尘。

但我想提醒你的是，因为怕输而说"不想要"和"真的不想要"，这两者的区别很大。"知道这条路该怎么走"和"走在这条路上"，这是完全不同的两种人生。"马上开始""犹犹豫豫地拖到明天""拖着拖着，最后什么都没做"，这对应的是截然不同的命运。

怕就怕，你在社交网络上看到了很多"高级的、很想得开的人生理念"，然后挑了一个最容易、最轻松、可以让你心安理得地混吃等死的大道理，来当自己的人生格言，以此作为自己并不如意的人生的遮羞布。

我的意思是，如果你还有追求，还有想要守护的东西，还有渴望，还有仇或者恩要报，那么请不要用假装平凡、假装淡泊、假装无所谓来当逃避困难、竞争、责任的借口了，这只会让你未老先衰，只会让你一点点地变成你曾经非常讨厌的样子，只会让你疲惫地过着你不想要的那种生活。

事实上，时间久了，懒惰不仅会变成你的性格，还会让你失去朝气蓬勃的面孔，让你丧失对生活的热爱和对未来的期待，还会让你周围的一切都乱得不可收拾。

要时刻记住：不用"明天"，无须"下次"，没有"以后"，就是"现在"。

- 3 -

一个陶艺老师给两组学员提了不同的要求。
对一组的要求是："做够一定的数量！"
对二组的要求是："做出一个完美的陶罐。"
最后发现，真正做出好陶罐的不是二组，而是一组。

为什么会这样？因为一组虽然没有被要求完美，但是在大量制作过程中，学员逐渐从错误中学习，陶罐越做越好了；而二组太追求完美了，他们把大量的时间用在了想象、设计、规划和辩论上，迟迟没有动手，真开始做的时候又出现了各种意外，最后呈现出来的作品非常平庸……

我想提醒你的是，机会是留给有准备的人，但不是给"准备个没完"的人。

在最佳的方案、最好的选择出现之前，更务实的办法是马上开始行动。

不管是学习、工作，还是兴趣、育儿，刚开始的时候，要接受自己的笨拙和各种错误。如果太看重结果，只会让你的步子越迈越沉重。

人生从来不是规划出来的，而是一步步走出来的。莽撞地开始，拙劣地完成，远胜于"因为追求完美而一动不动"。

过分追求完美的人，就像一个拒绝切肉的屠夫，坚持要卖整头猪。

在我身边有很多人（包括我自己），很多想法都停在脑子里，停在嘴上，结果什么都想做，但什么都没做过；什么都想要，但什么都没得到。

比如，不运动却想身材好，没复习却想得高分，不想努力却想赚好多钱，在家里坐着却期望天上掉元宝……又或者是认真规划之后,再轻飘飘地甩一句:"下周再说,过完节再说,年后再说。"

可问题是,一旦出现了"明天开始"的想法,而不是"马上开始",那明天大概率还是会继续虚度光阴。

几乎任何事情都是:越想越困难,越拖越想放弃,越做越简单。

所以我的建议是,感到迷茫,就去做点儿什么。假如错了,再改就是了。先开枪,再看看鸟儿会从丛林中哪一个方向飞出来,看到了,再瞄准。

很多时候,你不是茫然无措,也不是没有目标,你只是缺一个"一跺脚、一咬牙"的开始。

想必你也发现了,常说"迷茫"的人,通常都很懒。

对绝大多数人来说,需要的不是多读一本书、多上一门课、多考一本证书、多拜一位师父,需要的是行动——持续数小时、数周、数月、数年的行动。

你今天做了一点点事情,悟到了一点点窍门,积累了一点点经验,明天做的时候,就能做好一点点,你就会慢慢觉得它没那么难了。

所以,不要把注意力耗在"想象未来要做的 100 件事"上,你该把注意力集中在"我马上就可以做的某一件事"上;不要总是想"我还缺少什么才能出发",你该想一想"凭现有的东西,我最远能走到哪里"。

在"执行力"的问题上,大家常犯4种错误:

1. 把精力用在了挑选赛道上,误以为选对了赛道,就不用跑了。结果是,不停地另起炉灶,让很多努力徒劳无功。

2. 做是做了,但不认真。不认真看书做题,不认真盖房子,不认真做食品,不认真做器械……一时的轻视和糊弄,慢慢导致了灾难性后果的发生。

3. 以为"在小事上拖拉、凑合没关系",以为自己能在关键时刻展现出超强的执行力,然后绝地反击。然而打脸的是,一个人在小事上习惯了拖延和妥协,当大事来临时很可能早就失去了意志力。

4. 想法层出不穷,借口前赴后继,行动迟迟没有。实际上,根本就不存在"万事俱备"这种事。

那么,如何拥有超强的执行力呢?这里有8个建议:

1. 不必等到下午3点开始读书,不必卡在12月31日跳转1月1日那一刻开始写小说,有时间就读,有感觉就写。比起截止日期,更重要的是"开始日期"。

2. 一旦出现了"我做不到,我肯定完成不了"的念头,就提醒自己"那就做最低限度的事情"。每天走10000步太难,那就争取每天走 6000 步；每天吃 4 种蔬菜很麻烦，那就确保每天至少吃 1 种；每天阅读 1 个小时太难保证，那就保证每天读 10 分钟。

是的，不求一日千里，但求日拱一卒。

3. 凡事都要趁早开始。现在、立刻、马上去；不等、不靠、不要赖。

很多事情，你缺的不是机会，而是行动；你缺的不是时间，而是专心致志。

4. 如果意识到任务艰巨，那就跟自己约定："今天我做完这些就不做了，接下来，我想干吗就干吗。"

比如读一本大部头的巨著，你就跟自己约定"今天就读这一节，读完就不读了，剩下的时间去吃火锅"，这种方式比"一天累死累活地读半本，然后一个星期不想碰它"要强得多。

持之以恒的秘诀之一是：每天都做，但只做一点，做完就去玩。

5. 如果觉得任务无从下手，那就将任务分解再分解，直到可以快速地启动。

比如一次运动 1 个小时，可以劝退 90% 的人，但一次运动一分钟，几乎没有人会拒绝；一天看完一本书，可以让 90% 的人崩溃，但睡前翻两页，你大概率是很享受的。巨大的挑战很容易吓到你，但经过分解，你就可以用最低的成本，最快地启动。

6. 一旦意识到自己打不起精神、集中不了注意力，就提醒自己："这件事情很重要！"

拖延的主要原因是：你认为这件事不重要，你潜意识里觉得做这件事意义不大，所以你才会拖拖拉拉。这和"被别人敷衍"的原因很像，别人觉得你不重要，所以才会对你推三阻四。

7. 一旦产生了"等明天""等下次"的念头，就提醒自己："这件事今天非做不可！"

人很奇怪，只要你想学习或工作，就会发现手指甲该剪了，键盘有点儿脏，铅笔没削，电脑有点儿卡，杯子没洗，肚子饿了，于是你有一堆理由来合理化自己的懒惰。

这时候，就要提醒自己：任何问题，都可能在当天解决；即便当天解决不完，也可以确定"分几步解决，今天能解决什么"。

一块硬骨头最难啃的部分，是你觉得"今天不啃也没事"。

8. 不要等有状态了才去行动，不要等准备好了才出发。

开始的时候，大家肯定会有各种各样的担心或者抵触情绪，让你觉得状态不好，没准备好，但实际上，只要你先做了，你的状态就会一点一点地好起来。

同样的道理，看到了机会，不要等"准备好"。有了一个大概的方向、方法，马上行动，然后一边做，一边提升，一边调整。做得越多，能力就会越强，也就清楚下一步该怎么走了。

事情都是想起来千难万险，但事到临头总有办法。如果凡事都想等到"一切就绪",那么你永远都"不会开始"。

当然了,就算搞砸了,就算偷懒了,也尽量不要卖力地谴责自己。因为畏难、逃避、偷懒、拖延、势利、妒忌,这些都是生来就有的东西,而自律、专注、理性,这些是违背天性的。也就是说,你不过是做了你本能要你做的事。

与其用自责来内耗,不如想一想怎么哄自己,怎么重新启动自己。

一旦你能从"空想、内耗、烦躁"的状态中挣脱出来,把注意力放在"行动"上,你就会变得简洁而有力量。哪怕你一时半会儿解决不了问题,你的心也是定的,你就能好好地"募集"精力和信心,随时准备向困难发起下一轮冲锋。

23 关于健康：
比起殚精竭虑，吃饭睡觉更能拯救你

- 1 -

有两个观念，让我受益终身。

第一个是：精神上的问题会从身体上表现出来。

比如说，压力一大，就什么都吃不下（也有人是想暴饮暴食）；工作太忙，胃就会一阵阵地抽搐；心情不好，面对美食也觉得难以下咽；焦虑、抑郁、紧张，就会精神难以集中，并且不想吃东西；愤怒、生气或者厌恶某人时，会产生恶心的感觉……

又比如，你勉强自己"再撑一会儿""再挺一阵子"，但你的身体会用生病、长痘、头痛、感冒、健忘之类的方式直接发出警报。如果长期忽视这些信号，你的精神会越来越麻木，状态会越来越消沉。

劝麻木、消沉的人振作起来是没有用的，最简单有效的方法是先让身体动起来。你可以到外面走一圈，可以站起来甩甩胳膊，可以对着镜子做一个鬼脸，哪怕只是几分钟，哪怕只是一个简单的动作，你体内的多巴胺、内啡肽、血清素都会产生变化。

你的容忍度会提高，你的耐心会增强，你的创造力会提高，你对家人、对朋友、对自己的态度会更积极。

第二个是：身体健康是一种了不起的才华。

健康不是第一，而是唯一。不要总说"这也贵，那也贵"，去照照镜子，你的身体才是最贵的。照顾好自己的身体，是最值得你花心思的事情，没有之一。

当你生了一场病，你就会发现：别的事情都不要紧。少赚一点儿没关系，亏本了没关系，被人比下去了没关系，有人讨厌自己没关系，统统都不重要了，重要的是：自己还能好好活着。

人生最重要的，首先是身体健康，其次是心理健康。一副病恹恹的身体和一个愁蹙蹙的灵魂，就算把美好未来和大好前程都塞到你手上，你也要不起。

健康的意义在于，它能给你带来愉悦的心情和积极的情绪，能为你供给足额的耐心和充沛的精力，能帮你对欲望进行温和且节制的管理，能让你对人的爱恨情仇和对万物的共鸣更有保障。毕竟，快乐、幸福和安宁，都需要体力。

- 2 -

去年冬天，我发了一条朋友圈，引用的是村上春树的小说《1Q84》里的一句话："肉体是每个人的神殿，不管里面供奉的是什么，都应该好好保持它的强韧、美丽和清洁。"

不一会儿，琴子给我留言了："我的这座神殿，现在濒临坍塌。"

我问："你怎么了？"

她回:"倒也没病,就是状态很糟。"

那天她说了很多话,因为失恋,加上工作压力大,她的作息全乱套了,饮食更是毫无节制,短短5个月,她足足胖了30斤。整个人就像吹气球一样疯狂地鼓了起来,同时相貌也油腻了好多。

情绪上的"浊气"和厚厚的脂肪在本该清洁的身体里定居了。她每天昏昏欲睡,浑身无力,就像一个沉睡多年的老人,始终摆弄不好那具躯体。

聊到"发胖"的恶果,她像是在写一篇讨伐自己的檄文,细数自己对自己造的孽:

第一是变懒了,每天就是点外卖、吃外卖、玩手机、熬夜、发呆,不思进取,也不修边幅。

第二是变慢了,身体的反应慢,眼看着篮球向自己飞来,结果是站在原地,用脸接球;脑子也转不动了,别人跟自己说话,好半天才反应过来,搞得别人以为我装清高。

第三是累点低了,有时候什么都没做,就觉得身心俱疲,睡醒了,依然很困。

第四是觉得无聊,对社交、旅游、逛街、购物之类的事情一点儿兴趣都没有了,准确地说,对什么事都没兴趣。

再次刷到琴子的朋友圈,已经是今年秋天,她公布了新恋情,男友长相干净,她在一旁亭亭玉立。我评论道:"恭喜你,神殿又恢复了清洁!"

她回我:"谢谢,虽然困难重重,但我终究是个幸运的人。"

我没有问她是怎么瘦下来的,因为天知道她吃了多少苦头,挺过了多少难关,我问的是:"瘦下来之后,最大的改变是什么?"

她说:"一切都变了。"

然后,她像是在写一封祝贺自己的感谢信,细数瘦身之后的诸多好处:

第一是精力更充沛了,以前回家就什么都不想做了,现在一有时间就想出去玩,滑雪、骑行、慢跑,感觉身体的待机时间翻了好几倍。

第二是情绪更稳定了,以前是"易燃易爆易受潮",现在是"多喜乐,长安宁"。

第三是心态更积极了,以前做什么都怕,怕丢脸,怕出错,怕拒绝,怕得不偿失,现在做什么都更乐观,敢尝试,敢面对,敢失败。

第四是心气更足了,打篮球的时候,会觉得"我可以比她投得更准";参观博览会的时候,会产生"我可以比别人做得更好"的念头。

健康生活的标准不是瘦,而是身材匀称,浑身有力量,精力充沛,长时间大脑清醒,思考问题反应迅速,体态和面容比同龄人年轻,内心清爽无挂碍。

很多时候,我们总以为自己还年轻,就误以为暴饮暴食没关系,熬夜晚睡没什么,短期确实没什么影响,但长期的后果很严重:你的身体机能在一天天地下降,你的健康也在一点点地流失。

实际上,你的精神、状态、才能、财富、地位都是需要长期打磨和积累的,你的肉体也是。只要你不维护,不关注,它就会腐朽变臭。所以，你要每天用心呵护，认真保养，规律作息，合理膳食，适当运动，以及保持情绪稳定，而且要像刷牙和洗澡一样勤，才能保持精神的清洁。

这也解释了"为什么有的人将近 60 岁还能参加半马""为什么有的人年过半百还能每周跟年轻人一起踢足球赛""为什么有的人一身腱子肉，还要为了掌握某个技术动作，特意请健身教练教自己练习核心力量"，而你"稍微做点儿什么就觉得累，稍微有点儿压力就很沮丧"。

这不禁让我想起了你人生的四大爱好：熬夜、宣布明天早睡、干饭、扬言要减肥。

不论什么时候，都要把自己的身体和灵魂当作艺术品，好好打磨，用心去爱。你变好看了，世界就好看。

如果有一天，你飞黄腾达了，一定要有一个好身体，这样才能好好地享受人生。

如果有一天，你落魄了，还是要有个好身体，这样才能东山再起。

- 3 -

状态不稳定、身体不舒服、总是觉得累、很焦虑、压力大、很敏感，统统都可以用"好好休息"来改善。早睡早起、好好休息是最有效也最简单的转运方式。

关于休息，我有 5 个提醒：

1. 熬夜是精神上的药，却是身体上的病。

很多人都没有意识到睡眠问题的严重性：如果长期熬夜，昼夜颠倒，会从生理过渡到心理，逐步地摧毁一个人的意志。

换个角度来说，当你对最新潮的科技产品丝毫不感兴趣的时候，当你站在你最喜欢的熟食区前却毫无食欲的时候，当你喜欢的歌手或者演员出新作品你却一点儿不激动的时候，你就该明白"我需要休息"了。

类似的还有，你"感到绝望的时刻"往往是你"身体状态很差的时刻"。这时候就要提醒自己："是我的身体不舒服，不是我的人生完蛋了。"

嗯，真的别再熬夜玩手机了，容易把眼睛熬坏。不信你点开银行卡的余额瞧一瞧，是不是看不着了？

2. 三天打鱼，三百六十二天晒网，这不叫休息。休息是安心地睡大觉，开心地吃东西，放松地跟朋友玩，非常期待地去远方看风景，花自己的钱买喜欢的东西，凭本事帮助别人，是热气腾腾地活着，而不是双目无神地瘫着或者满心焦虑地愁着。

3. 规定自己学习 1 小时就必须玩 10 分钟。

强迫自己休息和强迫自己努力一样重要。之所以设定周末、节假日、下班时间、课间，是因为我们的身体需要休息，不是为了继续打工，只是为了休息。

生活中，你觉得"我好辛苦"，也不是因为你娇气，而是你的灵魂需要休息。

4. 不要过度以"自律的人生"为标杆。

有些人希望自己能像机器一样，几点睡觉，几点起床，几点做事，按部就班，有条不紊。但这既难做到，也没必要。

状态不对或者心情不好，就大大方方地去看电影、玩游戏、闲聊、睡大觉、吃东西，心里有个时间底线就好。硬着头皮逼自己上进，不但什么都做不好，而且还会产生厌恶情绪。不如等你休息够了，状态来了，做什么都不费劲儿。就像种子，不需要跟严冬对抗，只需静静地待在土里，等春天来了，生长就会自然发生。

5. 床就像人类的无线充电器。

人就像蓄电池，睡眠就是充电。年轻时，充电的时间长，待机时间也长，你可以精神抖擞很长时间。但随着年老体衰，睡眠短了，精力也不够用了，待机时间也短了，就需要频繁充电。更有甚者，睡了一整晚，第二天醒来还是觉得没精神。而睡眠不足是人生糟糕的开始。

一个善意的提醒，如果你不主动选择一个时间休息，你的身体就会替你选。

- 4 -

身体就像一艘船，如果船沉了，那你的一切就都没了。

所以，越是遇到难关，越要大口吃饭、把觉睡足。只有先照顾好肉身，灵魂才不会四面受敌。

关于身体，我也有5个提醒：

1. 如果说时间就是金钱，那么长寿就是在赚钱。

保持健康不只是为了长寿，更是在争取减少离世之前的病痛时间。安详去世和被病痛长期折磨直到去世，那是两种完全不同的人生。

2. 接受"不能吃爽"这件事。

当一个人产生了"吃爽了"的感觉，这就意味着，他不是吃饱了，而是吃多了。吃得爽，无非是油过量、糖过量。吃大白菜也能吃饱，但应该没有人会称之为"吃爽了"。

所以，要想健康饮食，就得接受"吃得不够爽"这件事。越是年纪渐长，就越是如此。

3. 只有健康地活着，人生才会出现转机。

每一次克制自己，就意味着你比从前更强大。因为只要少吃，你就会瘦；只要控油控盐，你的皮肤就会变好；只要少吃糖，你就会更显年轻；只要多运动，你的身体就会变好。

尤其是在低谷期，照顾好自己的身体才是真正的未来可期。

4. 面对问题就是解决问题的开始。

不管是身体还是心理，都不能讳疾忌医。心理也可能生病，也需要看医生吃药，就像感冒了吃药一样。

不用管别人怎么看，别人是不可能理解你的。别说人和人了，就算是"晚睡的自己"和"早起的自己"，"饿着肚子的自己"和"吃撑着的自己"都是没办法互相理解的。

5. 要想处理好生活中那些不健康的东西，你就必须尽可能地健康。

不管你选择哪种活法，身体一定要棒，心气儿一定要足。

就像减肥这种事，要多关注内心的振作，而不是电子秤上的数字；就像脱发这种事，要多想想内心的晴朗，而不是紧盯着头上的"余额"；就像活着这种事，要到外面去感受和煦的风和温暖的光，而不是像总想躲在暗处的狼。

切记，对漫长的人生来说，健康的身体是有免费试用期的。如果你不好好保养，试用期会大幅缩短。试用期结束了会怎么样？会得病，会"嗝"。

24 关于性格：
太多人输在不像自己，而你胜在不像别人

- 1 -

一个人最好的状态，是能做到这 4 点：

1. 随时能哄自己开心。

情绪不佳的时候，能把所有的注意力用来取悦自己，然后快速地将自己切换到快乐模式、自嗨模式、无脑模式、小朋友模式。

2. 情绪稳定。

不是一天到晚都心如死水的那种"稳定"，而是遇到事了，能够调动积极的情绪，压制消极或愤怒的情绪，不随便抓狂，不轻易发飙，不自我拉扯。

3. 沉得住气。

就算是经历了大风大浪，却还平静得就像只是下雨时湿了裤脚一样，不自乱阵脚，不怨天尤人，不慌不择路。

4. 享受独处。

不是躲在角落里不见人，不参与社交，不与人打交道，而是既能跟世界抱作一团，也能自己一个人玩，而且自己玩得很开心、很自在、很舒服。

这样的你，不卑不亢，不慌不忙。即便是阴天，你也知道"太阳正在加载中"；即便诸事不顺，你也相信"好运正在来的路上"。

-2-

先说"随时能哄自己开心"，我首先想到的就是汪曾祺先生。

当年敌机轰炸，动不动就全城警报，时不时就会殒命，但汪曾祺说那是谈恋爱的好时机："空袭警报一响，男的就在新校舍的路边等着，有时还提着一袋点心吃食。"

他常往松林的方向跑，因为可以买炒松子，一边躲轰炸，一边大快朵颐。

宽裕些时，就去集市的摊边吃白斩鸡，美其名曰"坐失良机"（坐食凉鸡），或是在街头酒馆要一壶酒、一碟猪头肉。

就这样，那段痛苦的日子在他的回忆里竟然闪闪发光："在昆明，见了长得最好的茶花，吃了最好吃的牛肉，好吃的米线可救失恋的痛苦。"

后来去田间地头做插秧、锄地、打药、扛包的活儿，这对40岁的文弱书生来说一点儿都不轻松，可他却说："人不管走到哪一步，总得找点乐子，想一点办法，老是愁眉苦脸的，干吗呢！"

于是，喷洒农药的时候，他欣赏着好看的天蓝色。后来竟然成了"打药能手"，别人让他总结经验，他说："我觉得这活有诗意。"

马铃薯开花，他掐一把放在玻璃杯里，对着画花和叶；马铃薯熟了，他就画薯块，画完就烤上吃掉，甚至还得意地说："全国像我一样吃过那么多种马铃薯的人，大概不多！"

别人盛赞他是个随遇而安的人，他说随遇而安就是"哄自己玩儿"，还特意解释了一下："也不完全是哄自己。生活，是很好玩的。"

世界上最厉害的本事就是，以愉快的心情处世，以赴宴的心情活着。

如果有父母疼爱，有良人相伴，那就不闹不作，好好珍惜；如果亲情淡薄，遇人不淑，那就为自己而活。生命已然那么苦涩，更没必要让自己闷闷不乐。

快乐才是目标，方法是把今天过好。所有你觉得快乐的时刻，都是内心"暴富"的时刻。

怕就怕，你对他人的期望过高，忽视了自我精进，在不知不觉中把负面想法和他人的看法放在首位。

于是，你一遇到别人的误解，一想到自己跟别人的差距，内心瞬间就充满了硕大无比的自卑；一遇到点儿事就睡不着觉，一有点儿失望就吃不下饭，一休息就责怪自己不上进，一停下来就焦虑得快要疯掉，一输了就认定自己是个废物。

怕就怕，不管是碌碌无为的你，还是功成名就的你，始终不开心。灌满你身体的只有疲惫感、孤独感、无聊感；你跟谁都能聊几句，但跟谁都不敢掏心；你渴望亲密的关系，但又害怕靠得太近；你想要长久的感情，但忍受不了日常的琐碎。

于是，你一边卖力地合群，一边卖力地远离人群；一边假装乐观，一边真的消极。

我想提醒你的是，不能让自己开心的选择不可能是正确的选择。反之，只要自己是开心的，那么人生这条路怎么走都问题不大。

做人哪，越是把自己调整到愉快的频道，生活就越容易出现愉快的人和幸运的事。心情好，身体好，运气就好。

反正我的个人偏见是：一个人只要开心，就会自动好看 10 倍，反之，一个人只要生气，就会自动难看 10 倍。

所以，开心的主动权要牢牢握在自己手里，要时刻记得给自己的开心充值，不要让它欠费停机了。

那么如何给自己的开心充值呢？有 3 个小窍门可供参考。

1. 遇到了大麻烦，就说"做人最重要的是开心"。

这句话在很多影视剧里出现，比如案子还没破，主角却要被老妈喊回家里喝汤；比如主角遇到了大麻烦，配角就会煮碗面，然后讲一句"做人最重要的是开心"。

说出这句话或许解决不了什么实质问题，但人生不就是一次次地硬着头皮往上赶吗?

2. 倒霉了,就将一天分为"早、中、午、晚"四季,即使搞砸了一个季节,也可以在下一个季节找回状态。

比如早上心情很糟,但不要预设一整天都心情不好;比如中午吃撑了,但不该影响当晚的减肥计划;比如下午挨训了,但不影响晚上约会的心情。

把时间尽可能地切割,就会产生大把"重新开始"的勇气。

3. 精神内耗了,就试试"转念一想"。

失恋了,就劝自己:"那种人,就当是打麻将输了。"

感冒了头痛,就安慰自己:"一定是有人在窃取我的智慧。"

嘴巴没味儿,就提醒自己:"土豆是蔬菜,所以薯条蘸番茄酱也可以算是一种沙拉。"

即便是减肥失败,也可以发个朋友圈报喜:"这个月本来计划胖三斤的,结果只胖了一斤,嘿嘿,相当于瘦了两斤。"

心要像伞一样,既撑得住,又收得起。

- 3 -

说起"情绪稳定",我想到了前不久刷到的一个短视频。

主人翁是个老板,在一线城市打拼了20多年,每天起早贪黑,兢兢业业，他成了家，也立了业，有 3 套房子，有贤惠的妻子和漂亮的女儿。

有一天，老板被一个外卖小哥撞倒了，还没等老板张口，外卖小哥就指着老板的鼻子骂了起来，骂他没长眼睛，顺带还问候了他的祖宗。

老板全程赔笑脸，路人看不过去了，嘲笑老板"真尿"。

老板赶忙承认道："是是是，我怕他。"

老板心里想的却是："我一会儿还得去签一个 200 万的合同，之后还要去接我女儿放学，妻子还等着我们回家吃晚饭呢！"

关于情绪，要记住一个原则：谁拥有更多，谁就更应该避免纠缠；谁损失更大，谁才是真正的输家。

遇到一个无礼的家伙，你不知道这个脾气火暴的陌生人今天经历了什么委屈和难过，也不知道他此时憋了多大威力的火气，更不知道他发泄的方式有多粗暴，但你知道你的公司还有很多事情等着你去处理，你的孩子还等着你忙完了带她去游乐场，你的家人还等着你回家吃饭。所以你不会因为一时的委屈和愤怒就去纠缠或挑衅陌生的人，因为你知道，在仅有一次的生命和已经很幸福、很美满的生活面前，所有的退让都无比光荣。

情绪稳定的人，不会为了一句无心的话就乱发脾气，不会把内心的负能量倾泻给无辜的人，不会让家人为自己的行为担惊受怕，更不会让自己和亲朋好友陷入危险的境地，因为他们很清醒，知道还有很多东西比宣泄情绪更重要。

换言之,那些情绪稳定、活得豁达的人,并不一定脾气很好、天性善良,而是头脑清楚,知道利害关系。

怕就怕,你二三十岁的年纪,却有着六七十岁的身体状态,十五六岁的经济实力,和三四岁的情绪管理能力。

关于情绪,我要提 5 个醒:

1. 情绪不稳定是正常的。

任何人,一旦受到了超过他承受能力的压力,都会变得暴躁、焦虑、沮丧、抑郁,言语带有攻击性,无法保持理智。如果有的人能一直情绪稳定,那说明他处在一个很安稳的环境里,而不是说他本身是个完美的人。

2. 别人对你生气,也许和你做了什么没关系。

人和人的矛盾冲突就像交通事故,要先分清责任,而不是一上来就大包大揽。比如某人生你的气,到底是因为你做了错事刺激了他,还是因为他事出有因,或者承受能力差?

弄清楚了,然后再决定是赔礼、道歉、对吼,还是静静地"欣赏"对方的咆哮、嘶吼、狂怒。

3. 情绪都摆在脸上,也许不是真性情,而是心智、教养、实力不够的体现。

如果一个人总是控制不住情绪,总想发泄,总是图一时痛快,那大概率是他的内心特别没底，无论是自身的实力，还是背后的靠山，都没有。

想必你也注意到了：发泄是弱者对付不爽的唯一手段。

4. 情绪稳定并不意味着没有情绪。

你会有糟糕的日子，会犯错误，会失败，会有搞砸的时候，不用逼着自己快乐、松弛、无所谓，也不用排斥焦虑、遗憾、不开心。好的情绪当然值得拥有，但坏的情绪也没什么大不了的。

没有错误的情绪，只有不被允许的情绪。

5. 情绪上头的时候，你要做的是等一会儿，等情绪过去。

很多人会因为一个不重要的人、一件不痛不痒的事，就气鼓鼓地说"我讨厌这个世界"，但其实，你有爱你的家人，有喜欢你的朋友，你也曾遇到过很多温暖的人，后面这些才是你的世界，你讨厌的只是那个被负面情绪包围的自己。

就像余华说的那样："其实是你的情绪进入了死胡同，而不是人生进入了死胡同。"

我想提醒你的是，如果花时间去讨厌你讨厌的人，你就少了时间去喜欢你喜欢的人；如果花精力去计较让你不爽的事，你就少了精力去体验让你开心的事。

恨、烦、焦虑、难过都是别人带来的，可时间和精力却是你自己的，它们非常有限，而且一去不返。

还是那句话，不动声色就能过去的事情，就不要浪费时间和精力去掰扯；能用实力碾压的问题，就不要讲狠话或者飙脏话。

- 4 -

聊"沉住气"之前，先聊"沉不住气"。

沉不住气的人都有个通病：无法全力以赴。

看书，看不了 10 分钟就想玩手机；学习，学不了 3 分钟就想看短视频；锻炼，跑不了 3 天就嫌累受不了；恋爱，一有矛盾就想着分手；工作，稍有不如意就想破罐子破摔……

沉不住气的人还特别容易"心慌慌"。

看别人都在努力或者看别人都在玩，心慌慌；已经做好了出行计划，但同行的人临时说有事去不了，心慌慌；心心念念的网红景点，到了才发现暂不开放，心慌慌；团队合作的事情快到截止日期了，可猪队友还在优哉游哉，心慌慌；非常在乎的一场考试，就剩两个月了，却发现自己不会的题还有很多，心慌慌；约会的时间马上就要到了，但路上堵得水泄不通，心慌慌……

结果是，你一天到晚就只顾看东南西北、看上下左右、看男女老少，就是不看自己脚下的路。

我想提醒你的是，太急的人是很容易出局的。就像是需要细火慢炖的佳肴，如果你非要用猛火，过程难熬不说，结果还容易煳。

沉不住气的根源是，欲望大于能力，同时又缺少耐心。

那么，"沉得住气"是什么样的呢？

1. 接受发生在自己身上的一切，对自己的选择和错误负责，对自己的情绪和感受负责，对自己的需求和个性负责。

2. 知道自己"要什么"和"不要什么"。会管好自己的嘴巴，不随便向他人过度倾诉；会有自己的坚持，不被廉价的言论煽动；会有自己的底线，不因为面子而随便更改；会因为内心足够强大而表现得非常温柔，很少表现出攻击性。

3. 能够稀释自己的大悲大喜，也能够尽兴地活在当下。内心笃定，同时又不拒绝任何变化。类似于说："我坚持我自己的观点，同时不认为跟我观点不同就是错的，也不认为跟我观点相反就是对我有意见。"

4. 对想要的结果有超出常人的耐心，但不同于消极被动地混日子，而是一边做，一边等待；一边调整，一边等待；一边过好今天，一边等待。

5. 不会以成败论英雄，而是很清楚"成功都是概率事件"，努力、沉淀、思考、外援都只能提高成功率而已，并不能保证成功。

6. 不会一直在问题和既成事实上纠结，而是优先寻求解决问题的方法。就算是搞砸了，也会从关注"我失去了什么"，调整为关注"我学会了什么"。

7. 不会因为别人比自己好就焦虑，也不会因为没有人理自己就乱了节奏。也许自己会走得很慢，但是比谁都坚定、踏实，不用担心会一脚踩空，也不害怕会走到别人的轨道上去。

沉得住气，意味着你给痛苦、给问题、给情绪多准备了一些时间。

时间不会让你彻底放下，但是时间会让你慢慢接受这个事实；时间无法抚平你的伤痛，但是时间会让你慢慢不觉得难过；时间不能给出所有问题的答案，但是时间会让"曾经觉得很要命"的问题变得没那么重要。

沉得住气的人，就算搞砸了，也还能重新开始；就算被锤了，也依然意志坚定。

对于已经发生的一切，都既往不咎；关于尚未发生的种种，底气是来日方长。

人生嘛，各有各的路口和渡口，各有各的时钟和东风。如果自己乱作一团，没有谁会是你的答案。

- 5 -

最后要说的是"享受独处"，我称之为"和自己约会"。

我现在最享受的事情就是和自己约会。我喜欢一个人爬山，一个人逛街，一个人吃饭，一个人看电影，一个人到处走走停停。我常常祈祷："拜托推销员不要给我打电话，拜托不熟的朋友结婚生孩子不要给我发请柬，拜托邻居在电梯里遇见了不要跟我尬聊。"

我就想自己一个人待着，当全人类的外宾。

和自己约会时，我感觉自己是自由的，安静的，清醒的。我丝毫不觉得难过，反倒是觉得生活明朗，万物可爱，人间值得，来日可期。

和自己约会最过瘾的地方是，我想去哪里就去哪里，想什么时候出发就什么时候出发，不必迁就别人的喜好，不必迎合别人的口味，不必为了"继续同行"而行色匆匆。那条街我想逛多久就逛多久，那个展我想看多久就看多久，那个书店我想待多久就待多久。我全然地站在自己这边，全心全意地照顾好自己的感受，并且，我非常喜欢那一刻的自己。

感觉就像是，我站在深沉的夜色里，看见了明月升起来。

享受独处并不是把自己的身体和灵魂都封闭起来，而是把喧嚣挡在外面；不是和这个世界彻底划清界限，而是换一种舒服的方式参与其中。

享受独处的人，并不缺乏社交的技巧，只是不感兴趣，他们可以交谈，但不是和所有人；也不是有什么毛病，而是他们主动选择了自己待着。

他们不想融入什么吵闹的集体，也不想被什么无聊的人打扰，他们乐于和自己玩，乐于陪自己过周末。

他们有融入某个集体的本事，同时也有随时抽身出来的能力；他们了解、理解、接纳自己性格和能力的优势、短板，不需要靠别人的巴结来获得成就感，不需要靠贬低别人来获得优越感，也不需要靠别人的表扬来获得存在感。

如果再有人问你："最近怎么看不到你？"你就告诉他："太内

向，出门只走下水道。"

如果再有人问你："你一个人待在树下有什么意思？"你就告诉他："可有意思了，给虫子当自助餐。"

关于独处，我希望你明白5件事：

1. 在自己的人生里做好主角，丰富剧情，在别人的生活里安心做配角，坦然地跑龙套。别搞反了。

2. 不是因为你走得太快了才孤独的，而是因为孤独，你才能走得比别人更快一点。换句话说，让你孤独的东西，也在让你特别。

3. 在一个糟糕的环境里，合群的同义词叫"浪费时间"。

4. 幸福不是非得和谁建立关系，一个人待着也可以很幸福。

5. 有两个阶段是人生必须经历的：一是难过的事情找不到人倾诉，二是开心的事情找不到人分享。

前路漫漫，当克己，当慎独，磨棱角，退优越，沉住气，扛住事，静下心。

愿我们都能收拾好心情，整理好情绪，照顾好身体，以最大的平静去爱不确定的生活，以最大的耐心去面对突如其来的变化和身不由己的麻烦，不染戾气，不昧良心，不失毅力，不丢信心，早日毕业于生活的惊涛骇浪。

最后还要特别提个醒：不管跟谁说话，别问"在吗"，如果你有分量，别人就算很忙，也会对你说"不忙"；如果你分量不足，别人就算不忙,也会对你说"很忙"。

换言之,别人"在不在""忙不忙",取决于"你是谁""你要说什么"和"你算老几"。

有什么事就直说。你说了,我才能决定"忙"还是"不忙"。

假如,我是说假如,假如我说"在忙",你知道了就行,别再追问"在忙什么",还得现编,烦死了。

[全书完]

凡事发生必有利于我

作者 _ 老杨的猫头鹰

编辑 _ 邵蕊蕊 赵凌云　装帧设计 _ 游游　主管 _ 邵蕊蕊
技术编辑 _ 陈皮　执行印制 _ 梁拥军　出品人 _ 李静

营销团队 _ 杨喆 才丽瀚 刘雨稀　物料设计 _ 游游

鸣谢（排名不分先后）

刘毅　云云狗

果麦
www.goldmye.com

以 微 小 的 力 量 推 动 文 明

图书在版编目（CIP）数据

凡事发生必有利于我 / 老杨的猫头鹰著. -- 南京：江苏凤凰文艺出版社，2025.4（2025.6重印）. -- ISBN 978-7-5594-9405-4

I. B848.4-49

中国国家版本馆CIP数据核字第2025WE1637号

凡事发生必有利于我

老杨的猫头鹰 著

出 版 人	张在健
责任编辑	白 涵
特约编辑	邵蕊蕊　赵凌云
装帧设计	游 游
出版发行	江苏凤凰文艺出版社
	南京市中央路165号，邮编：210009
网　　址	http://www.jswenyi.com
印　　刷	河北鹏润印刷有限公司
开　　本	880毫米×1230毫米　1/32
印　　张	10.5
字　　数	240千字
版　　次	2025年4月第1版
印　　次	2025年6月第4次印刷
印　　数	40,001 — 45,000
书　　号	ISBN 978-7-5594-9405-4
定　　价	49.80元

江苏凤凰文艺版图书凡印刷、装订错误，可向出版社调换，联系电话：025-83280257